内蒙古自治区高等级公路建设施工标准化指南系列

# 内蒙古自治区高等级公路建设施工标准化指南

# 第六分册　隧道工程

内蒙古自治区交通运输厅
中　国　公　路　学　会　组织编写

人民交通出版社股份有限公司
China Communications Press Co.,Ltd.

## 内 容 提 要

本书为"内蒙古自治区高等级公路建设施工标准化指南系列"第六分册隧道工程，编制目的是规范内蒙古自治区高等级公路隧道工程施工，明确施工要点和作业流程，提高管理水平，确保各道施工工序落实到位，克服施工质量通病，保证施工质量，保障施工安全，倡导文明施工、保护环境。

本书参照内蒙古自治区以往隧道施工成功经验，结合隧道工程实际选择合适的开挖方案，并对关键技术进行攻关，不断探索新技术、新材料、新工艺在隧道工程中应用的可行性。

本书适用于内蒙古自治区高等级公路隧道的施工及管理，可供内蒙古自治区公路工程各参建单位、参建人员使用。

**图书在版编目(CIP)数据**

内蒙古自治区高等级公路建设施工标准化指南. 第六分册，隧道工程 / 内蒙古自治区交通运输厅，中国公路学会组织编写. —北京：人民交通出版社股份有限公司，2016.1

(内蒙古自治区高等级公路建设施工标准化指南系列)

ISBN 978-7-114-12940-7

Ⅰ. ①内… Ⅱ. ①内… ②中… Ⅲ. ①等级公路—道路施工—标准化管理—内蒙古—指南②公路隧道—隧道施工—标准化管理—内蒙古—指南 Ⅳ. ①U415.1-65

中国版本图书馆 CIP 数据核字(2016)第 075932 号

内蒙古自治区高等级公路建设施工标准化指南系列

Neimenggu Zizhiqu Gaodengji Gonglu Jianshe Shigong Biaozhunhua Zhinan Di-Liu Fence Suidao Gongcheng

**书　　名**：内蒙古自治区高等级公路建设施工标准化指南　第六分册　隧道工程

**著 作 者**：内蒙古自治区交通运输厅　中国公路学会

**责任编辑**：司昌静　尤晓暐

**出版发行**：人民交通出版社股份有限公司

**地　　址**：(100011)北京市朝阳区安定门外外馆斜街 3 号

**网　　址**：http：//www. ccpress. com. cn

**销售电话**：(010)59757973

**总 经 销**：人民交通出版社股份有限公司发行部

**经　　销**：各地新华书店

**印　　刷**：北京市密东印刷有限公司

**开　　本**：880×1230　1/16

**印　　张**：6. 25

**字　　数**：131 千

**版　　次**：2016 年 1 月　第 1 版

**印　　次**：2016 年 1 月　第 1 次印刷

**书　　号**：ISBN 978-7-114-12940-7

**定　　价**：28. 00 元

(有印刷、装订质量问题的图书由本公司负责调换)

# 本册编写人员

主　　编：王　骁

副 主 编：王海彦　孙雪伟　李星亮

参编人员：韩　磊　田明有　陈李峰　蒋本华

陈德智　白　卿　张　凯　廖启旺

陈梦越　张宏宇　王　娜　刘铭钰

冯　伟　郑　建　闫鹏远

# 前　　言

“十二五”期间,内蒙古自治区高等级公路建设事业取得了长足发展,“十三五”期间高等级公路建设任务依然十分繁重。为进一步规范公路建设项目施工管理,提高工程管理和技术水平,确保工程质量和施工安全,提升行业文明形象,同时响应交通运输部《关于开展高速公路施工标准化活动的通知》(交公路发〔2011〕70 号)要求,并结合 2011 年推行的《内蒙古自治区高速和一级公路施工标准化管理指南(试行)》及内蒙古自治区高等级公路施工的实际情况,内蒙古自治区交通运输厅组织编写了《内蒙古自治区高等级公路建设施工标准化指南》(以下简称《指南》)。《指南》共十一分册,分别为:工地建设、工地试验室、路基工程、路面工程、桥梁工程、隧道工程、交通安全设施、房建工程、安全生产、环保、管理。

本《指南》主要依据国家、工程建设标准化协会、交通运输部及内蒙古自治区交通运输厅等工程建设主管部门发布的与公路工程建设相关的文件、标准、规范、规程、指南和行业内采取的成熟、先进的施工工艺及管理办法,以及内蒙古自治区高等级公路施工管理中的特点和先进经验编写而成。

本《指南》未提及的,请参照现行相关的标准、规范、规程、规定执行。

本分册为《指南》第六分册隧道工程,汲取了内蒙古自治区高等级公路施工管理中的成功经验,同时借鉴了其他省区高等级公路工程管理的科学方法。本分册共有十四章内容,包括:总则、施工准备、超前地质预报、监控量测、洞口与明洞工程、洞身开挖、初期支护与辅助工法、二次衬砌、仰拱与铺底、附属设施工程、防水与排水、安全与文明施工、隧道冬季施工、施工质量通病及防治措施。本分册由内蒙古自治区交通运输厅、中国公路学会主编。由于编制时间和编制水平所限,书中如有不妥甚至错误之处,请广大读者不吝指正。

本《指南》可供内蒙古自治区公路工程各参建单位、参建人员使用。各盟市对其中有关的具体指标可根据实际情况进一步细化和强化要求,对未尽事宜应予以补充完善。各有关单位和从业人员在使用本分册时,如发现问题或提出改进意见,请函告内蒙古自治区交通运输厅(地址:呼和浩特市地质南街 68 号,邮编:010010,联系电话:0471-6968635,电子邮箱:bgs@nmjt.gov.cn)或中国公路学会咨询部(地址:北京市朝阳区和平街 11 区 37 号楼,邮编:100013,联系电话:010-64958372,电子邮箱:sxw@sinoroad.com)。

**内蒙古自治区交通运输厅**

**2015 年 11 月**

# 目　　录

# 1 总则

## 1.1 目的和范围

(1)为规范高等级公路隧道工程施工,明确施工要点和作业流程,提高管理水平,确保各道施工工序落实到位,克服施工质量通病,保证施工质量,保障施工安全,倡导文明施工、爱护环境,特制定本指南。

(2)本指南主要适用于内蒙古自治区以钻爆法开挖为主的高等级公路隧道施工管理,其他地区和其他等级的公路隧道可参照执行。

## 1.2 编制依据

(1)国家、工程建设标准化协会、交通运输部等工程建设标准主管部门发布的与隧道工程相关的文件、标准、规范、规程和指南。

(2)内蒙古自治区颁布的有关施工管理的文件、规范、施工指导意见。

(3)行业内通行的先进施工技术、工艺流程和组织管理办法。

## 1.3 总体要求

(1)隧道工程的施工必须选择专业的施工队伍、优质的材料和先进的设备,强化施工过程的质量控制。

(2)应参照以往成功工程经验,结合隧道工程实际选择合适的开挖方案,并对关键技术进行攻关,不断探索新技术、新材料、新工艺在隧道工程中应用的可行性。

(3)隧道钻爆开挖,一般采用光面爆破技术,必要时可采用预裂爆破技术。施工中应提高钻眼效率和爆破效果,以降低工料消耗,同时应最大限度地减少对围岩的扰动。开挖爆破应选用适当的炸药品种和型号,在漏水和涌水地段应采用非电导爆系统起爆。

(4)隧道施工必须严格执行国家环境和生态保护、安全生产的相关规定,制订防止噪声、粉尘、废水等污染环境的保护措施,因地制宜设计隧道防排水方案,防止水土过度流失,保护原有植被地貌。此外,弃渣处置合理,做到文明施工、安全生产。

(5)隧道施工必须有详细的施工组织设计,遵循合理的施工工期,建立完善的质量和安全保证体系,制订切实可行的质量和安全管理制度和措施,提高工程质量。

(6)隧道开挖作业应符合下列规定。

①确定合理开挖步骤和循环进尺,保持各开挖工序相互衔接,均衡施工。

②应采用有效的测量手段控制开挖轮廓线,根据不同围岩条件,开挖预留适当变形量。

③监控量测应及时进行,地质变化处和重要地段,应有相应照片或文字描述记载。

④开挖作业在保证安全的前提下,尽量采用少分部作业,减少对围岩的扰动。

(7)隧道工程试验检测的试验室和试验检测人员应取得相应的资质,仪器设备必须检定合格。

(8)隧道施工除应符合本指南规定之外,还应符合国家颁布的现行有关标准、规范的规定。

## 1.4 章节划分

本分册包括总则、施工准备、超前地质预报、监控量测、洞口与明洞工程、洞身开挖、初期支护与辅助工法、二次衬砌、仰拱与铺底、附属设施工程、防水与排水、安全与文明施工、隧道冬季施工、施工质量通病及防治措施 14 章内容,重点阐述了各分项工程的一般规定、材料要求、施工要点、施工工序与质量验收等方面的要求。

# 2　施工准备

## 2.1　一般规定

(1)隧道施工前,应熟悉设计文件,领会设计意图,做好现场调查和图纸核对工作,制订隧道安全技术方案,对危险源和重大危险源进行辨识和全过程的跟踪、监督、检查。

(2)隧道施工前,结合地形、地质等实际情况编制实施性施工组织文件,并做好技术准备和组织落实工作。

(3)应根据工程规模、技术要求等建立工地试验室。

(4)隧道开工前,应完成洞口前可能干扰洞身施工的相关工程。

(5)制订地质超前预报方案和实施细则,并向作业人员进行安全技术交底,合理安排施工。

(6)公路隧道施工过程中,应完整收集原始数据、资料,做好施工记录,编写隧道施工技术总结。

## 2.2　技术准备

### 2.2.1　施工测量

(1)承包人应根据合同图纸和有关勘测资料,对交付使用的隧道轴线桩、平面控制基点桩以及高程控制的水准基桩等,进行详细的测量检查和核对,并将测量成果报送监理工程师。

(2)承包人在放线中除公里桩、平曲线要素桩外,应设置必要加桩。在工程实施中,隧道中桩最大间距直线上不得大于10m,曲线上不得大于5m,并明确标出用地界桩、路面和排水沟中心桩、辅助基准点以及其他为控制正确放线的水平和垂直标桩。

### 2.2.2　施工方案

(1)根据总体指导性施工组织设计,编制实施性施工组织设计。编制的施工组织设计应包括施工方法、工区划分、场地布置、进度计划、工程数量、人员配备、主要材料、机械设备、电力和运输以及安全、质量、环保、技术等主要内容。

(2)实施性施工组织设计应报监理工程师及相关部门批准后实施。在实施过程中应根据客观条件、生产资源配置情况及时调整施工组织设计,并报送监理工程师批准,实行动态管理。

(3)对于长大隧道,地质或水文地质条件复杂、结构受力以及施工环境复杂的隧道,承包人应根据交通运输部相关要求开展隧道施工安全风险评估工作,并制订各项应急保障预案。

## 2.3　施工场地

(1)现场施工场地应结合工程规模、工期、地形特点、弃渣场和水源等情况进行合理布置。

(2)施工场地布置必须编制专项规划方案,上报监理工程师和建设单位,批复后实施;建成后应通过监理工程师组织的专项验收。

(3)临时工程设置应满足安全和便于施工活动正常开展的要求。严禁将临时房屋布置在受洪水、泥石流、塌方、滑坡及雪崩等自然灾害威胁的地段。

(4)在隧道洞口靠近值班室一侧宜设置电动升降栏杆和入场人员专用通道。隧道洞口外设置可360°旋转拍摄的摄像机。隧道洞口上方设置电子显示屏,实时反映隧道内工作状态。

## 2.4　施工劳材机

(1)从事隧道施工的各类特殊岗位人员均应持证上岗。

(2)隧道施工前,应对施工人员进行安全培训和安全、技术交底。

(3)承包人应向作业人员提供必需的安全防护用具和安全防护服装。

(4)应做好工程所需材料的选择和相关检测、试验工作。

(5)应准备满足工程需要的施工设备和仪器,并完成相应检定工作。

## 2.5　施工风水电

### 2.5.1　施工供风

(1)压风站应在洞口旁边选址修建,宜靠近变电站,应有防水、降温、保温和防雷击等设施。

(2)压风站供风能力须满足隧道正常施工需要,供风管路布置应尽量减少风压损失,保证工作面使用风压不小于0.5MPa。

(3)隧道掘进50m后应进行通风,通风管道前端至开挖面距离不大于20m。

(4)隧道的施工通风,应设专人管理。保证每人每分钟得到1.5~3$m^3$的新鲜空气,隧道内的空气成分每月至少检测一次。

(5)无论通风机运营与否,严禁人员在风管的进出口附近停留;通风机停止运转时,任何人不得靠近通风软管行走和在软管旁停留,不得将任何物品堆放在通风管或管口上。

### 2.5.2　施工供水

(1)在施工期间,承包人应按国家规定的施工和生活饮用水的有关标准供水,确保施工和生活用水设施和水质满足需求。

(2)寻找水源,并按施工需要的供水压力(不小于 0.3MPa)合理选址修建施工高位水池。高位水池施工过程中,应尽量减小对原始植被的破坏。

(3)对于修建高位水池困难的隧道,宜采用变频高压供水装置满足施工需要。

(4)供水管道前端至开挖面一般不超过 20m。

### 2.5.3 施工供电

(1)施工供电要考虑永临结合,对于短隧道应采用高压至洞口,再低压进洞方案;长隧道及特长隧道应考虑高、中压进洞方案,以满足施工需要。施工过程应保证用电的可靠性,应有备用发电系统以满足停电等应急情况下的施工用电。

(2)隧道施工供电应采用三相五线供电系统。动力设备应采用三相 380V,照明电压一般作业地段不宜大于 36V,成洞段和不作业地段可采用 220V,瓦斯地段不得超过 110V,手提作业灯为 12~36V。选用的导线截面应使低压线路末端电压降不大于 10%,36V 及 24V 线不得大于 5%。高压分线部位应设明显危险警告标志。所有配电箱和开关应全部进行责任人和用途标识。

(3)洞外变电站应设置防雷击和防风装置,且宜设在靠近负荷集中地点和电源来线一侧。当变电站电源线需跨越施工地区时,其最低点距人行道和运输线路的最小高度应满足:电压 35kV 时 7.5m,电压 6~10kV 时 6.5m,电压 400V 时 6m。变压器容量应按电气设备总用量确定,当单台电动设备容量超过变压器容量 1/3 时,宜适当增加启动附加容量。洞内变电站应设置在干燥的紧急停车带或不使用的横通道内,变电站与周围及以上下洞壁的最小距离,不得小于 30cm,同时应按规定设置灯光、轮廓标志等安全防护设施。洞内高压变电站之间的距离宜为1 000m,由变电站分别向相反方向供电,每一方供电距离宜采用 500m。洞内高压变电站应采用井下高压配电装置或相同电压等级的开关柜,不应使用跌落式熔断器,应有防尘措施。

(4)成洞地段固定的电线路,应采用绝缘良好的胶皮线架设;施工地段的临时电线路应采用橡套电缆;瓦斯地段的输电线必须使用密封电缆,不得使用皮线;涌水隧道的电动排水设备应采用双回路输电,并有可靠的切换装置;动力干线上每一分支线,不许装设开关及保险装置;严禁在动力线路上加挂照明设施。

(5)照明和动力线路安装在同一侧时,必须分层架设。电线悬挂高度应满足:110V 以下电线离地面距离不应小于 2m,400V 时应大于 2.5m,6~10kV 时不应小于 3.5m。供电线路架设一般要求高压在上、低压在下,干线在上、支线在下,动力线在上、照明线在下。

### 2.5.4 施工期间“三管两线”布置要求

施工期间的“三管”是指通风管、高压风管、供水管;“两线”是指高压电缆线和三相五线电力线。隧道内“三管两线”应架设、安装顺直整齐,见图 2-1。

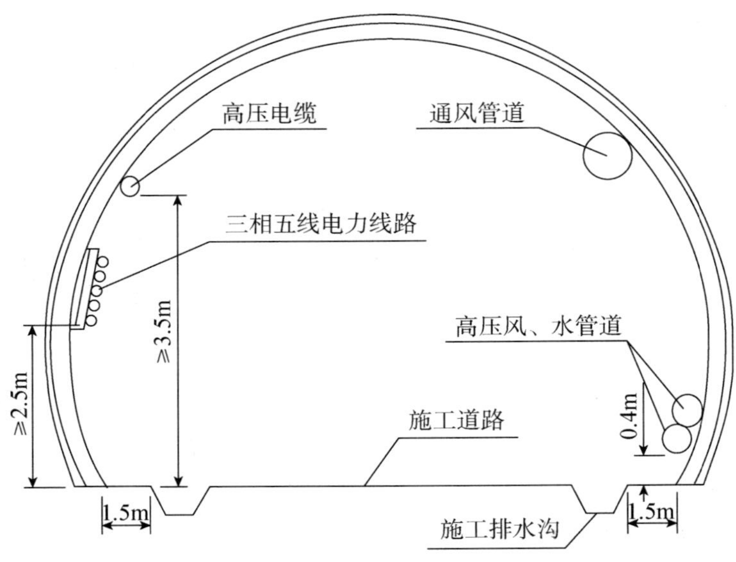


图 2-1　“三管两线”布置示意图

## 2.6　弃渣再生料场

### 2.6.1　弃渣场

（1）隧道弃渣应运至指定的弃渣场。隧道洞渣应优先考虑循环利用，不得随意乱弃。

（2）隧道施工前，承包人应和建设单位及当地政府配合调查，选择出渣运输方便、距离短、对周围环境影响小的场所作为弃渣场。场地容量应可容纳隧道弃渣量。

（3）弃渣场选址应进行水文和地质条件调查，不得占用其他工程场地和影响附近各种设施的安全；不得影响附近的农田水利设施，应不占或少占农田；不得堵塞河道、河谷，防止抬高水位和恶化水流条件；不得挤压桥墩台及其他建筑物。

（4）弃渣场应按设计要求进行防护，当设计要求不能满足实际需要或实际无具体要求时，应对弃渣场的防护进行设计并报监理工程师批复，以确保边坡的稳定，防止发生水土流失、泥石流、滑坡等危害。

（5）弃渣场应按有关要求，及时做好临时用地复垦工作。

### 2.6.2　再生料场

（1）当隧道弃渣强度等物理力学和化学指标符合规范要求，可作为结构用材料时，现场宜建碎石场以充分利用隧道弃渣。场地建设应满足料场建设要求，加工碎石设备应采用带除尘装置的反击破碎石机，并有配套的联合重筛分设备，施工前必须做好环保评估并采取相应降尘、降噪措施。

（2）有条件的自采碎石场应专门配备锤式碎石机生产喷射混凝土碎石料。日产量在 $100m^3$ 以上的碎石场宜配置自动或半自动水冲洗设备，以提高碎石质量。

## 2.7　危险品库

施工现场危险品主要是火工用品。火工用品库房的建设及管理除应符合本指南《工地建设》分册有关规定外,还应符合以下要求:

(1)建立健全火工用品管理制度,严格火工用品采购、储存、领取、使用和退库各个环节的管理和操作,做到全程监控、全程把关。承包人要定期对炸药库管理有关台账进行认真清对,监理工程师要加强监督检查。

(2)双洞中隧道及长隧道、特长隧道宜设置专用火工用品库房,短隧道可结合其他隧道及路基、桥涵施工集中设置。

(3)应根据施工进度计划安排及月循环进尺核定火工用品库库容量。

(4)施工现场还有其他危险品,如氧气、乙炔、油料以及剧毒、放射性物品等时,应单独建库房储存。库房建设及管理应符合本指南《工地建设》分册的规定。

## 2.8　排水及污水处理

(1)应在隧道洞口两侧建浆砌排水沟,将隧道内污水排出,尺寸满足排水需要(必须考虑雨季降水的影响),两侧水沟经涵管连通横穿路基汇于集水井排入污水处理池。

(2)污水处理等级不低于3级沉淀;采用浆砌或砖混结构,施工期间不倒塌、不渗漏;沉淀达标方可排放。

# 3　超前地质预报

## 3.1　一般规定

(1)隧道施工应加强地质调查与判别,以达到地质预测预报的目的。常规地段应实施跟踪地质调查,不良地质地段应进行超前地质预报。地质预测预报应作为必备工序纳入施工组织管理。

(2)跟踪地质调查与超前地质预报,应达到下列主要目的:

①在施工前期地质勘查成果的基础上,进一步查明掌子面前方一定范围内围岩的地质条件,进而预测前方的不良地质以及隐伏的重大地质问题。

②为信息化设计和施工提供可靠依据。

③降低地质灾害发生的风险。

④为编制竣工文件提供可靠的地质资料。

(3)隧道施工前应根据设计文件的地勘资料,编制地质预报方案和实施大纲,并报有关部门审查和批准后执行。

(4)跟踪地质调查与超前地质预报应配备专业技术人员和设备。

(5)现场照明、通风等作业条件良好,满足正常预报对作业环境的要求。

## 3.2　有关要求

### 3.2.1　超前地质预报的分级

(1)隧道施工中地质预测、预报方案应根据区域地质资料和设计文件制订,以达到预报准确、节省资源的目的。

(2)根据地质对隧道安全的危害程度,地质灾害分为A、B、C、D四级,其影响因素见表3-1。

**地质灾害分级影响因素**　　表3-1

| 地质灾害分级 | | A | B | C | D |
|---|---|---|---|---|---|
| | | 严重 | 较严重 | 一般 | 轻微 |
| 地质复杂程度(含物探异常) | 岩溶发育程度 | 极强,厚层块灰岩,大型溶洞暗河发育,岩溶密度15个/$km^2$,最大泉流量50L/s,钻孔岩溶率10% | 强烈,中厚层灰岩夹白云岩,地表溶洞落水洞密集,地下以管道水为主,岩溶密度5~15个/$km^2$,最大泉流量10~50L/s,钻孔岩溶率5%~10% | 中等,中薄层灰岩,地表出现岩溶密度1~5个/$km^2$,最大泉流量5~10L/s,钻孔岩溶率2%~5% | 微弱,不纯灰岩与碎屑岩互层,地表地下以溶隙为主,最大泉流量<5L/s,钻孔岩溶率<2% |

续上表

| 地质灾害分级 | | A | B | C | D |
|---|---|---|---|---|---|
| | | 严重 | 较严重 | 一般 | 轻微 |
| 地质复杂程度（含物探异常） | 涌水涌泥程度 | 特大突水（涌水量 $1\times10^5\ m^3/d$）、大型突水（涌水量 $1\times10^4 \sim 1\times10^5\ m^3/d$），突泥，高水压 | 中小型突水（涌水量 $1\times10^3 \sim 1\times10^4 m^3/d$），突泥 | 小型涌水（涌水量 $1\times10^2 \sim 1\times10^3 m^3/d$），涌泥 | 涌水量 $<1\times10^2 m^3/d$，涌突水可能性极小 |
| | 断层稳定程度 | 大型断面破碎带、自稳能力差，富水，可能引起大型失稳坍塌 | 中型断层带，软弱，中～弱富水，可能引起中型坍塌 | 中小型断层带，弱富水，可能引起小型坍塌 | 中小型断层，无水，掉块 |
| | 地应力影响程度 | 极高应力，严重岩爆（拉森斯判据<0.083，即岩石点荷载强度与围岩最大切向应力的比值），大变形 | 高应力，中等岩爆（拉森斯判据 0.083～0.15），中～弱变形 | 弱岩爆（拉森斯判据 0.15～0.20），轻微变形 | 无岩爆（拉森斯判据>0.20），无变形 |
| | 瓦斯影响程度 | 瓦斯突出：瓦斯压力≥0.74MPa，瓦斯放散初速度≥10，煤的坚固系数 $f\leqslant0.5$，煤的破坏类型为Ⅲ类以上 | 高瓦斯：全工区的瓦斯涌出量 $\geqslant0.5m^3/min$ | 低瓦斯：全工区的瓦斯涌出量 $<0.5m^3/min$ | 无 |
| 地质因素对隧道施工影响程度 | | 危及施工安全，可能造成重大安全事故 | 存在安全隐患 | 可能存在安全问题 | 局部可能存在安全问题 |
| 诱发环境问题的程度 | | 可能造成重大环境火灾 | 施工、防治不当，可能诱发一般环境问题 | 特殊情况下可能出现一般环境问题 | 无 |

（3）复杂地质的预测、预报应坚持隧道洞内探测与洞外地质勘探相结合，地质方法与物探方法相结合，辅助导坑与主洞探测相结合，并贯穿于施工全过程。不同地质灾害级别的预报方式可采用：Ⅰ级预报可用于 A 级地质灾害，采用地质分析法、地震波反射法、超声波反射法、陆地声呐法、地质雷达法、瞬变电磁法、红外探测法、超前水平钻探法等进行综合预报。Ⅱ级预报可用于 B 级地质灾害，采用地质分析法、地震波反射法、超声波反射法、陆地声呐法，辅以地质雷达法、瞬变电磁法、红外探测法，必要时进行超前水平钻孔。Ⅲ级预报可用于 C 级地质灾害，以地质分析法为主。对重要地质（层）界面、断层或物探异常地段宜采用地震波反射法或超声波反射法进行探测，必要时采用红外探测法和超前水平钻孔。Ⅳ级预报可用于 D 级地质灾害，采用地质分析法。

### 3.2.2 超前地质预报内容

（1）调查地质情况及水文地质条件，如地层岩性、软弱夹层、破碎地层、煤层及特殊岩土；地质构造，特别是断层、节理密集带、褶皱构造等；不良地质，特别是溶洞、暗河、人为坑洞、放射性、有害气体、高地应力、高地温、高岩温等发育情况；地下水，特别是岩溶管道水、富水断层、富水褶皱轴及富水地层地带等。

(2)对照图纸提供的地质资料,预报地质条件变化情况及对事故的影响程度。

(3)预报可能出现的不良地质及其对施工的影响,以及处理措施。不良地质主要有:可能出现的塌方、滑动的部位、形式、规模及发展趋势,提出处理措施;可能出现突然涌水的地点、涌水量大小、地下水泥沙含量及对事故的影响;软岩内鼓、片帮掉块地段及对施工的影响;岩体突然开裂或原有裂隙逐渐加宽的位置及其危害程度;对隧道将要穿过不稳定岩层、较大断层做出预报,以便及时改变施工方法或做应急措施;隧道附近或穿过瓦斯地段的岩(煤)层中,预报瓦斯影响范围。

(4)位移量测中发现围岩变形速率加快时,应预报对围岩稳定性的影响程度。

(5)浅埋隧道地面出现下沉或裂缝时,预报对隧道稳定和施工的影响程度。

(6)隧道施工中由于措施不当,可能造成围岩失稳,应及时采取改进措施。

## 3.3　超前地质预报方法

超前地质预报,可采用地质调查法、超前钻探法(超前地质钻探、加深炮孔探测)、物探法(TSP 地震波反射法、地质雷达、红外探测)和超前导坑预报法等。各种方法应联合使用,互为补充,相互验证。

### 3.3.1　地质调查法

地质调查法是根据隧道已有的勘察资料、地表补充地质调查资料和隧道内地质素描,通过地层层序对比、地层分界线及构造线地下和地表相关性分析、断层要素与隧道几何参数的相关性分析、断层要素与隧道几何参数的相关性分析、临近隧道内不良地质体的前兆分析,利用常规地质理论、地质作图和趋势分析等,推测开挖工作面前方可能揭示地质情况的一种超前地质预报方法。地质调查法适用于各种地质条件下隧道的超前地质预报,其包括隧道地表补充地质调查和隧道内地质素描。隧道内地质素描随隧道开挖及时进行,对地层岩性变化点、构造发育部位、岩溶发育带附近等重点地段每 1 个开挖循环进行一次,其他一般地段不超过 10m/次。

### 3.3.2　超前地质钻探

超前地质钻探是利用钻机在隧道开挖工作面进行钻探,从而获取地质信息的一种超前地质预报方法。超前地质钻探适用于各种地质条件下隧道的超前地质预报,在富水软弱断层破碎带、富水岩溶发育区、煤层瓦斯发育区、重大物探异常区等地质条件复杂地段必须采用。断层、节理密集带或其他破碎富水地层钻 1~3 孔/循环,富水岩溶发育区钻 3~5 孔/循环。连续预报时前后两循环钻孔应重叠 5~8m。钻探主要采用冲击钻和回转取芯钻,二者应合理搭配使用,提高预报准确率和钻进速度,减少占用开挖工作面的时间。

### 3.3.3　加深炮孔探测

加深炮孔探测是隧道开挖时,利用风钻或凿岩台车等开挖钻孔设备在隧道开挖工作面钻取浅孔获得地质信息的一种方法。加深炮孔探测适用于各种地质条件下隧道的超前地质预测,尤其适用于岩溶发育区,钻孔深度一般为 4~8m(超前爆破孔 3m 以上),孔数根据开挖断面大小和地质复杂程度确定。

### 3.3.4 地震波反射法

地震波反射法属于多波多分量高分辨率弹性波反射法,通常是采用 TSP203(TSP202、TGP)仪器超前地质预报系统,在距隧道开挖工作面一定距离的两侧岩墙上预设震源产生多道地震波,地震波遇到岩石波阻抗差异界面产生不同地震信号反射,反射的地震信号被高灵敏的地震检波器接收,通过专业软件处理,结合地质素描判断前方的工程地质和水文地质条件,获得不良地质体(如软弱带、破碎带、断层、含水等)的位置及规模信息。TSP 或 TGP 地震波反射适用于划分地层界线、查找地质构造、探测不良地质体的厚度和范围。在软弱破碎地层或岩溶发育区,一般每次预报距离为 100m 左右;在岩体完整的硬质岩石地层,每次可预报 150m 左右。连续预报时前后应重叠 10m 以上。探测过程应避免施工机械噪声干扰。

### 3.3.5 地质雷达探测

地质雷达探测属于电磁波反射法,通常是采用 38-75-150MHz 的变频天线地质雷达和配套软件,以无线电波检测地下介质分布,对不可见目标体或地下界面进行扫描,以确定其内部结构形态或位置。地质雷达探测主要使用于隧道前方和周边的岩溶探测,也可用于断层破碎带、软弱夹层等不均匀地质体的探测。在完整围岩地段有效探测距离在 30m 以内,连续预报时前后两次重叠长度应不小于 5m。为保证探测控制范围和精度,一般要求掌子面应布置不少于 2 条横向水平测线,有条件时宜布置垂向测线。

### 3.3.6 红外探测

红外探测是根据红外辐射原理,结合地质调查法,采用红外探测仪及配套分析软件系统,在现场布置一定数量的测线和测点,判断掘进断面前方和隧道外围是否存在隐蔽灾害源的测试技术。红外探测适用于定性判断探测点前方有无水体及水体方位,不能定量给出水量大小等参数。其有效探测范围为一般掌子面前方或岩壁外围 30m 以外。连续预报时前后两次重叠长度应不小于 5m。

## 3.4 超前地质预报保证措施

### 3.4.1 建立严格的岗位责任制

隧道施工中的超前地质预报关系到工程的安全、质量和进度,应作为一项工序纳入施工过程中,施工中应建立严格的岗位责任制。

(1)超前地质预报组技术负责人和技术人员是该工点地质预报的直接责任人,应对所施工的工点预报工作负全责;须详细熟悉施工图纸、预报标准和技术要求,对预报结果负责。

(2)严格岗位培训和持证上岗制度,严肃工作纪律,严格把关。

(3)及时整理预测资料,按规定时间将预测报告及时上报上级部门。

(4)定期分析预报的准确度,及时总结预报过程中不利因素,采取有力措施,消除影响,不断提高工作水平。

### 3.4.2　地质预报工作管理

(1)地质预报由地质专业工程师负责,其他施工、隧道质检人员配合。资料收集、统计、分析和编制信息预报成果,由主管技术人员复核,并报相关设计、监理人员。

(2)不断总结经验,对已披露的实际地质情况与前期地质预报内容相比较,评估预报的准确性,为以后的超前预报工作积累经验。

(3)将分析、整理的地质资料作为施工技术资料存档。

# 4 监控量测

## 4.1 一般规定

(1)监控量测是新奥法设计理论核心,是施工的重要组成部分。采用复合式衬砌的隧道,应将现场监控量测项目列入施工组织设计,在施工中认真实施,施工与设计单位应紧密配合,分析各项量测信息,确认或修正设计参数。

(2)监控量测是施工工艺流程中的一个重要工序,应贯穿施工的全过程。监控量测应达到以下目的:

①掌握围岩和支护的动态信息并及时反馈,指导施工作业。

②通过对围岩和支护的变形、应力量测,为变更设计提供依据。

(3)隧道开工前,应根据设计要求,并结合隧道规模、地形地质条件、施工方法、支护类型和参数、工期安排,以及所确定的量测目的等,制订施工全过程量测方案。

①编制内容应包括:量测项目、量测仪器选择、测点布置、量测频率、数据处理、反馈方法,以及组织机构、管理体系等。

②量测计划应与施工进度计划相适应。

③监控量测工作应结合开挖、支护作业的进程,按要求布点和监测,并根据现场实际情况及时调整补充。量测数据应及时分析、处理和反馈。

(4)地质条件和周边环境复杂的隧道、长隧道、特长隧道,应由专业人员进行监控量测。

(5)现场量测仪器,应根据量测项目及测试精度选用。宜选择简单适用、稳定可靠、操作方便、量程合理、便于进行结果处理和分析的测试仪器。

(6)监测、施工、监理、设计等单位应紧密配合,既为量测作业创造条件,又避免因抢工程进度而忽视量测工作。同时各方应共同研究、分析各项量测信息,确认或修正设计参数或施工方法。

(7)周边位移、拱顶下沉和地表下沉等必测项目宜布置在统一断面,其量测面间距及测点数量应根据隧道埋深、围岩级别、断面大小、开挖方法、支护形式等确定。隧道开挖后应及时进行围岩、初期支护的周边位移量测、拱顶下沉量测。当围岩差、断面大或地表沉降控制要求高时宜进行围岩体内位移量测和其他量测。洞口段、浅埋段或地表有建(构)筑物,应进行地表沉降量测。

(8)围岩松弛范围量测:可采用弹性波法或位移法。

(9)当围岩条件差、变形过大或初期支护破损变形较大时,应进行支护结构内的应力及接触应力量测。

(10)各项量测作业均应持续到变形基本稳定后1~3周。对于膨胀性和挤压性围岩,位移没有减小趋势时，应延长量测时间。

（11）各预埋测点应牢固可靠，并设置专用标识牌，标明测点的名称、部位、编号、埋设日期等。要加强教育，提高所有进洞人员保护意识，对测点进行妥善保护，不得任意撤换和遭到破坏。施工过程中应做好仪器的日常维护工作，保证性能良好。

（12）量测人员进洞前现场照明、通风等作业条件良好，满足正常量测作业需要。

## 4.2　工作程序

监控量测工作程序可参照图4-1。

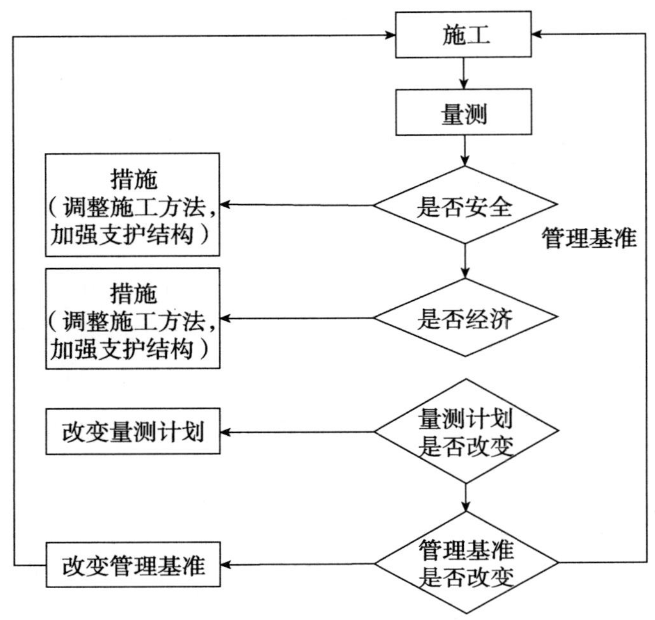


图4-1　监控量测工作程序

## 4.3　测量项目

### 4.3.1　必测项目

（1）在复合式衬砌和喷锚衬砌隧道施工时，应进行必测项目的量测，必测项目见表4-1。

隧道现场监控量测必测项目　　表4-1

| 序号 | 项目名称 | 方法和工具 | 布置 | 测试精度（mm） | 量测频率 | | | |
|---|---|---|---|---|---|---|---|---|
| | | | | | 1~15d | 16d~1个月 | 1~3个月 | 大于3个月 |
| 1 | 洞内外观测 | 现场观测、地质罗盘等 | 开挖及初期支护后进行 | — | — | | | |
| 2 | 周边位移 | 各种类型收敛计 | 每5~50m一个断面，每个断面2~3对测点 | 0.1 | 1~2次/d | 1次/2d | 1~2次/周 | 1~3次/月 |

续上表

| 序号 | 项目名称 | 方法和工具 | 布置 | 测试精度（mm） | 量测频率 | | | |
|---|---|---|---|---|---|---|---|---|
| | | | | | 1~15d | 16d~1个月 | 1~3个月 | 大于3个月 |
| 3 | 拱顶下沉 | 水准测量的方法，水准仪、钢尺等 | 每5~50m一个断面 | 0.1 | 1~2次/d | 1次/2d | 1~2次/周 | 1~3次/月 |
| 4 | 地表下沉 | 水准测量的方法，水准仪、钢尺等 | 洞口段、浅埋段（$H_0 \leqslant 2B$） | 0.5 | 开挖面距离测量断面前后<2B时，1~2次/d<br>开挖面距离测量断面前后<5B时，1次/(2~3)d<br>开挖面距离测量断面前后>5B时，1次/(3~7)d | | | |

注：① $H_0$ 为隧道埋深；

②$B$ 为隧道开挖宽度。

(2)在不受到爆破影响的范围内，应尽快安设必测项目各测点，并应在每次开挖后12h内取得初读数，最迟不得超过24h，并且在下一循环开挖前应完成。选测项目测点埋设时间根据实际需要进行。测点应牢固、可靠、易于识别，应能真实反映围岩、支护的动态变化信息。洞内必测项目各测点应埋入围岩中，深度不应小于0.2m，不应焊接在钢支撑上，外露部分应有保护装置。

### 4.3.2 选测项目

应根据设计要求、隧道横断面形状和断面大小、埋深、围岩条件、周边环境条件、支护类型和参数、施工方法等综合选择监控量测的选测项目。隧道现场监控量测选测项目见表4-2。

**隧道现场监控量测选测项目** 表4-2

| 序号 | 项目名称 | 方法和工具 | 布置 | 测试精度（mm） | 量测频率 | | | |
|---|---|---|---|---|---|---|---|---|
| | | | | | 1~15d | 16d~1个月 | 1~3个月 | 大于3个月 |
| 1 | 钢架内力及外力 | 支柱压力计或其他测力计 | 每代表地段1~2个断面，每个断面钢支撑内力3~7个测点，或外力1对测力计 | 0.1MPa | 1~2次/d | 1次/2d | 1~2次/周 | 1~3次/月 |
| 2 | 围岩体内位移（洞内设点） | 洞内钻孔中安设单点、多点杆式或钢丝式位移计 | 每代表地段1~2个断面，每个断面3~7个钻孔 | 0.1mm | 1~2次/d | 1次/2d | 1~2次/周 | 1~3次/月 |
| 3 | 围岩体内围岩（地表设点） | 地面钻孔中安设各类位移计 | 每代表地段1~2个断面，每个断面3~5个钻孔 | 0.1mm | 同地表下沉要求 | | | |
| 4 | 围岩压力 | 各种类型岩土压力盒 | 每代表地段1~2个断面，每个断面3~7个测点 | 0.1MPa | 1~2次/d | 1次/2d | 1~2次/周 | 1~3次/月 |

续上表

| 序号 | 项目名称 | 方法和工具 | 布置 | 测试精度（mm） | 量测频率 | | | |
|---|---|---|---|---|---|---|---|---|
| | | | | | 1～15d | 16d～1个月 | 1～3个月 | 大于3个月 |
| 5 | 两层支护间压力 | 压力盒 | 每代表地段1～2个断面，每个断面3～7个测点 | 0.1MPa | 1～2次/d | 1次/2d | 1～2次/周 | 1～3次/月 |
| 6 | 锚杆轴力 | 钢筋计、锚杆测力计 | 每代表性地段1～2个断面，每断面3～7根锚杆（索），每根锚杆2～4测点 | 0.1MPa | 1～2次/d | 1次/2d | 1～2次/周 | 1～3次/月 |
| 7 | 支护、衬砌内应力 | 各类型混凝土内应变计及表面应力解除法 | 每代表性地段1～2个断面，每个断面3～7个测点 | 0.1MPa | 1～2次/d | 1次/2d | 1～2次/周 | 1～3次/月 |
| 8 | 围岩弹性波速度 | 各种声波仪及配套探头 | 在有代表性地段设置 | — | — | | | |
| 9 | 爆破振动 | 测振及配套传感器 | 临近建（构）筑物 | — | 随爆破进行 | | | |
| 10 | 渗水压力、水流量 | 渗压计、流量计 | — | 0.1MPa | — | | | |

## 4.3.3 监控量测项目策划

根据隧道结构形式的不同，分离式隧道、小净距隧道及连拱隧道各有不同的监控量测项目，现推荐各类型隧道的监控量测项目规划见表4-3～表4-5。

**分离式隧道监控量测项目规划**　　表4-3

| 项目围岩条件 | 洞内外地质与支护状态观察 | 周边位移 | 拱顶下沉 | 地表下沉 | 钢架内力及外力 | 围岩体内位移 | 围岩压力 | 两层支护间压力 | 锚杆轴力 | 支护、衬砌内应力 | 围岩弹性波速度 | 爆破振动 | 渗水压力、水流量 |
|---|---|---|---|---|---|---|---|---|---|---|---|---|---|
| Ⅳ、Ⅴ级围岩 | √ | √ | √ | △ | ○ | ○ | ○ | ○ | ○ | ○ | ○ | 周围建筑物要求高时必测 | 洞内出水量较大时必测 |
| Ⅱ、Ⅲ级围岩 | √ | √ | √ | △ | — | △ | △ | △ | △ | △ | △ | | |
| 洞口、偏压段、浅埋段 | √ | √ | √ | √ | △ | ○ | ○ | ○ | ○ | ○ | ○ | ○ | |

注：√表示应进行的项目；○表示宜进行项目；△表示必要时进行项目。

小净距隧道监控量测项目规划 表 4-4

<table>
<tr><th>项目围岩条件</th><th>洞内外地质与支护状态观察</th><th>周边位移</th><th>拱顶下沉</th><th>地表下沉</th><th>钢架内力及外力</th><th>围岩体内位移</th><th>围岩压力</th><th>两层支护间压力</th><th>锚杆轴力</th><th>支护、衬砌内应力</th><th>围岩弹性波速度</th><th>爆破振动</th><th>渗水压力、水流量</th></tr>
<tr><td>Ⅳ、Ⅴ级围岩</td><td>√</td><td>√</td><td>√</td><td>△</td><td>○</td><td>√</td><td>√</td><td>○</td><td>○</td><td>○</td><td>○</td><td rowspan="2">周围建筑物要求高时必测</td><td rowspan="3">洞内出水量较大时必测</td></tr>
<tr><td>Ⅱ、Ⅲ级围岩</td><td>√</td><td>√</td><td>√</td><td>△</td><td>—</td><td>√</td><td>√</td><td>△</td><td>△</td><td>△</td><td>△</td></tr>
<tr><td>洞口、偏压段、浅埋段</td><td>√</td><td>√</td><td>√</td><td>√</td><td>△</td><td>√</td><td>√</td><td>○</td><td>○</td><td>○</td><td>○</td><td>○</td></tr>
</table>

注：①√表示应进行的项目；○表示宜进行项目；△表示必要时进行项目；

②增加必测项目：后行洞爆破振动速度、中岩墙土压力。

连拱隧道监控量测项目规划 表 4-5

<table>
<tr><th>项目围岩条件</th><th>洞内外地质与支护状态观察</th><th>周边位移</th><th>拱顶下沉</th><th>地表下沉</th><th>钢架内力及外力</th><th>围岩体内位移</th><th>围岩压力</th><th>两层支护间压力</th><th>锚杆轴力</th><th>支护、衬砌内应力</th><th>围岩弹性波速度</th><th>爆破振动</th><th>渗水压力、水流量</th></tr>
<tr><td>Ⅳ、Ⅴ级围岩</td><td>√</td><td>√</td><td>√</td><td>△</td><td>○</td><td>√</td><td>√</td><td>○</td><td>○</td><td>○</td><td>○</td><td rowspan="2">周围建筑物要求高时必测</td><td rowspan="3">洞内出水量较大时必测</td></tr>
<tr><td>Ⅱ、Ⅲ级围岩</td><td>√</td><td>√</td><td>√</td><td>△</td><td>—</td><td>√</td><td>√</td><td>△</td><td>△</td><td>△</td><td>△</td></tr>
<tr><td>洞口、偏压段、浅埋段</td><td>√</td><td>√</td><td>√</td><td>√</td><td>○</td><td>√</td><td>√</td><td>○</td><td>○</td><td>○</td><td>○</td><td>○</td></tr>
</table>

注：①√表示应进行的项目；○表示宜进行项目；△表示必要时进行项目；

②增加必测项目：先行洞与后行洞的对比量测（主要包括周边位移、拱顶下、地表下、围岩体内位移及压力、支护应力等项目的对比），中隔墙的倾斜度、内应力、表面应力及裂缝；

③增加选测项目：底部土压力。

## 4.4 监测要点

### 4.4.1 洞内外观察

隧道施工过程中应进行洞内、外观察，洞内观察分为开挖工作面观察和已支护地段观察。

（1）开挖工作面观察应在每次开挖后进行。观察工作面状态、围岩变形、围岩风化变质情况、节理裂隙、断层分布和形态、地下水情况以及喷射混凝土的效果。观察后应及时绘制开挖工作面地质素描图，填写开挖工作面地质状态记录表和施工阶段围岩级别判定卡。对已支护地段的观察每天应进行一次，主要观察围岩、喷射混凝土、锚杆和钢架等的工作状态。观察中发现围岩条件恶化时，应立即上报设计及监理单位，采取相应处理措施。

(2)洞外观察重点应在洞口段及岩溶发育区段地表和洞身埋置深度较浅地段,其观察内容应包括地表开裂、地表沉陷、边坡及仰坡稳定状态、地表水渗透情况、地表植被变化等。

### 4.4.2　净空位移和拱顶下沉

(1)量测隧道断面的收敛情况,包括量测拱顶下沉、净空水平收敛以及铺底鼓起(必要时)。

(2)应按表4-6和表4-7检查净空位移和拱顶下沉的量测频率。施工状况发生变化时(如开挖下台阶、仰拱或撤除临时支护等),应增加检测频率。

**净空位移和拱顶下沉的量测频率**(按位移速度)　　表4-6

| 位移速度(mm/d) | 量测频率 | 位移速度(mm/d) | 量测频率 |
|---|---|---|---|
| ≥5 | 2~3次/d | 0.2~0.5 | 1次/3d |
| 1~5 | 1次/d | <0.2 | 1次/(3~7d) |
| 0.5~1 | 1次/(2~3d) | | |

**净空位移和拱顶下沉的量测频率**(按距开挖面距离)　　表4-7

| 量测断面距开挖面距离(m) | 量测频率 | 量测断面距开挖面距离(m) | 量测频率 |
|---|---|---|---|
| (0~1)$B$ | 2次/d | (2~5)$B$ | 1次/(2~3d) |
| (1~2)$B$ | 1次/d | 5$B$ | 1次/(3~7d) |

注:$B$为隧道开挖宽度。

(3)拱顶下沉和水平收敛量测断面的间距为:Ⅲ级及以上围岩不大于40m,Ⅳ级围岩不大于25m,Ⅴ级围岩应小于20m。围岩变化处应适当加密,在各类围岩的起始地段增设拱顶下沉测点1~2个,水平收敛1~2对。当发生较大涌水时,Ⅳ、Ⅴ级围岩量测断面的间距应缩小至5~10m。

(4)各测点应在避免爆破作业破坏测点的前提下,尽可能靠近工作面埋设,测点距工作面的距离一般为0.5~2m,并在下一次爆破循环前获得初始读数。初读数应在开挖后12h内读取,最迟不得超过24h,而且在下一循环开挖前,应完成初期变形值的读数。

(5)净空水平收敛测线的布置,应根据施工方法、地质条件、量测断面所在位置、隧道埋置深度等条件确定。在地质条件良好,采用全断面开挖方式时,可设一条水平测线;当采用台阶开挖方式时,可在拱腰和边墙部位各设一条水平测线。

(6)拱顶下沉量测应与净空水平收敛量测在同一量测断面内进行,可采用水准仪测定下沉量。当地质条件复杂、下沉量大或偏压明显时,除量测拱顶下沉外,尚应量测拱腰下沉及基底隆起量。

### 4.4.3　地表下沉量测

(1)位于Ⅳ~Ⅴ级围岩中且覆盖厚度小于40m的隧道,应进行地表沉降量测。根据图纸要求或监理工程师指示,应在施工过程中可能产生地表塌陷之处设置观测点。地表下沉观测点按普通水准基点埋设,并在预计破裂面以外3~4倍洞径处设水准基点,作为各观测点高程测量的基准，从而计算出各观测点的下沉量。地表下沉桩的布置宽度，应根据围岩级别、隧道埋置深度和隧道开挖宽度而定。地表下沉量测断面的间距按表4-8及表4-9采用。

地表下沉量量测断面间距及频率

表4-8

| 变形速度(mm/d) | 量测断面距开挖工作面的距离 | 量测频率 |
|---|---|---|
| >10 | $(0\sim1)B$ | 1~2次/d |
| 10~5 | $(1\sim2)B$ | 1次/d |
| 5~1 | $(2\sim5)B$ | 1次/2d |
| <1 | $5B$ | 1次/1周 |

注：$B$为隧道开挖宽度。

地表下沉量测断面的间距

表4-9

| 埋置深度$H_0$ | 地表下沉量测断面的间距(m) | 埋置深度$H_0$ | 地表下沉量测断面的间距(m) |
|---|---|---|---|
| $H_0>2B$ | 20~50 | $H_0<B$ | 5~10 |
| $B<H_0<2B$ | 10~20 | | |

注：①无地表建筑物时取表内上限值；

②$H_0$表示隧道埋置深度。

地表下沉监测范围横向应延伸至隧道中线量测$(1\sim2)(B/2+H+H_0)$，纵向应在掌子面前后$(1\sim2)(H+H_0)$（$B$为隧道开挖宽度，$H$为隧道开挖高度，$H_0$为隧道埋置深度）。测点间距宜为2~5m，并应根据地质条件和环境条件进行调整。

（2）地表下沉量测频率和拱顶下沉及净空水平收敛的量测频率相同。

（3）地表下沉量测应在开挖工作面前方$H_0+H$（隧道埋置深度+隧道高度）处开始，直到衬砌结构封闭、下沉基本停止时为止。

（4）地表下沉的量测尽量与洞内拱顶下沉量测、周边位移量测在同一横断面内。当地表有建（构）筑物时，应在建（构）筑物周围增设地表下沉测点。

（5）地表下沉监测应在隧道开挖前开始，到二次衬砌全部施工完毕，且下沉基本停止时为止。

## 4.5 量测数据处理

（1）一般要求：

①隧道现场监控量测应成立专门量测小组，负责日常量测、数据处理和仪器保养维修工作，并及时将量测信息反馈给施工部门和设计单位。测点埋设宜在施工部门配合下，由量测小组完成。各预埋测点应牢固可靠，不得任意撤换和破坏。

②现场监控量测应按量测方案认真组织实施，并与其他施工环节紧密配合，不得中断工作。

③每次量测后，应及时进行数据整理和分析，并绘制量测数据失态曲线和距离开挖面距离图，以及地表下沉值沿隧道纵向和横向变化量和变化速率曲线。

④应根据量测数据处理结果，及时提出调整和优化施工方案和工艺。当围岩变形和速

率较大时，应及时采取安全措施，并建议变更设计。

⑤围岩稳定性、二次支护时间应根据所测得位移量或回归分析所得最终位移量、位移速度及其变化趋势、隧道埋深、开挖断面大小、围岩等级、支护所受压力、应力、应变等进行综合分析判定。

(2)量测数据整理、分析与反馈应符合下列规定：

①当位移—时间曲线趋于平缓时，应进行数据处理或回归分析，以推算可能出现的位移最大值和变化速度，掌握位移变化的规律。

②当位移—时间曲线出现反弯点时，则表明围岩和支护已呈不稳定状态，此时应密切监视围岩动态、及时分析原因，提出对策和建议，并及时反馈给有关单位，采取有效措施加强支护，必要时暂停开挖。

(3)围岩稳定性的综合判别，应根据量测结果，按以下指标判定：

①实测位移值不应大于隧道的极限位移，并按表4-10位移管理等级施工。一般情况下，宜将隧道设计的预留变形量作为极限位移，而设计变形量应根据监测结果不断修正。

位移管理等级　　表4-10

| 管理等级 | 管理位移(mm) | 施工状态 |
|---|---|---|
| Ⅲ | $U<U_0/3$ | 可正常施工 |
| Ⅱ | $U_0/3 \leqslant U \leqslant 2U_0/3$ | 应加强支护 |
| Ⅰ | $U>2U_0/3$ | 应采取特殊措施 |

注：$U$为实测位移值；$U_0$为设计极限位移值。

②根据位移速率判断：速率大于1mm/d时，围岩处于急剧变形状态，应加强初期支护；速率变化在0.2~1.0mm/d时，应加强观测，做好加固的准备；速率小于0.2mm/d时，围岩达到基本稳定。在高地应力、岩溶地层和挤压地层等不良地质中，应根据具体情况制订判断标准。

③根据位移速率变化趋势判断：当围岩位移速率不断下降时，围岩处于稳定状态；当围岩位移速率变化保持不变时，围岩尚不稳定，应加强支护；当围岩位移速率变化上升时，围岩处于危险状态，应立即停止掘进，采取应急措施。

④初期支护承受的应力、应变、压力实测值与允许值之比大于或等于0.8时，围岩不稳定，应加强初期支护；初期支护承受的应力、应变、压力实测值与允许值之比小于0.8时，围岩处于稳定状态。

(4)竣工文件中应包括以下量测资料：

①现场监控量测计划；

②实际测点布置图；

③围岩和支护的位移—时间曲线图、空间关系曲线图，以及量测记录汇总表；

④量测变更设计和改变施工方法地段的信息反馈记录；

⑤现场监控量测说明。

## 4.6　监控量测保证措施

为了保证隧道监控量测的真实可靠及连续性，应遵循以下各项质量保证措施。

(1)将监控量测及监测实施计划纳入施工生产计划中,作为一个重要的施工工序来抓,并保证监测有确定的时间和空间。

(2)监控量测人员要相对固定,保证数据资料的连续性。量测仪器专人使用、专业机构保养、专业机构检校。量测设备、原件等在施工前均经过检校,合格后方可使用。

(3)施工监测紧密结合施工步骤,既要测出每一个施工步骤对周围环境、围岩、支护结构、变形的影响,又要计算各测点的累计变形量。

(4)监测组和监理工程师密切配合工作,及时向监理工程师报告情况和问题,并提供有关切实可靠的数据记录。

(5)针对施工各关键问题开展相应的 QC 小组活动,及时分析、反馈信息,指导设计和施工。

(6)监控量测组负责内业资料的整理和归档,务必要保证做到隧道监控量测资料的及时性和真实性,所有资料按时间、按类别、按桩号每天及时进行归档,严禁出现资料涂改和资料造假行为。隧道专业工程师每天进行资料检查,项目总工程师不定期地对资料进行抽检。

(7)建立严密的质量保证体系,按照 ISO 9002 质量标准进行质量管理。选派有丰富经验和理论水平的专家担任项目负责人及顾问,对项目全体工作人员进行质量控制的教育,强化质量意识,对整个过程进行质量监督,同时建立质量信息反馈系统,发现问题及时反馈,使之能得到适当的处理。

(8)对项目的每一个环节的技术工作严格按照国家规范、标准以及安全监测工程设计文件的技术要求编制质量文件,做好文件控制管理。

# 5　洞口与明洞工程

## 5.1　一般规定

（1）积极推广“零开挖”进洞理念。隧道洞顶截水沟以内植被禁止砍伐破坏，分离式隧道中间山体和联拱隧道中导洞开挖时两侧山体应尽可能保护。

（2）隧道进洞前，二次衬砌台车应进场就位。

（3）洞口设有明洞且洞口地质情况相对较好的隧道，可按先进暗洞，由内向外施作洞口明洞模筑衬砌，再进行洞身段开挖、初支、二衬施工。

（4）严格控制进洞施工顺序，在完成套拱和超前大管棚后，再进行暗洞浅埋段施工。

（5）在隧道二次衬砌施工完成50m（含明洞）后，应立即进行洞门及边仰坡绿化工程的施工。

（6）隧道洞口场地应进行混凝土硬化处理，要求使用20cm厚石渣垫层，汽车运输通道还应采用20cm厚的C20作为面层。可考虑洞口段路基基层变更为混凝土基层，提前施作。

（7）洞口前的桥梁、涵洞及路基等相关工程应及时安排施工。

## 5.2　施工工序

（1）洞口与明洞工程的施工工序为：洞顶截水沟开挖、砌筑→洞口其他排水工程洞口土石方开挖→边仰坡及成洞面临时防护→洞口套拱、管棚棚架式体系等辅助进洞措施施工→明洞基础及洞身施工→明洞防排水施工→明洞回填→洞门施工。

（2）洞口套拱+超前小导管（超前管棚）的棚架式体系是洞口山体坡脚切方后保证坡脚稳定的重要措施。当洞口地质很差且覆盖层很薄时，采用超前管棚支护，洞口设混凝土套拱，稳定坡脚并兼做管棚导向墙。

## 5.3　施工要点

### 5.3.1　洞口土石方开挖

（1）洞口土石方施工宜避开降雨期，如确需在雨季施工时，应制订严密的施工方案和防护措施，同时应加强对山坡稳定情况的监测与检查。洞门端墙处的土石方，应视地层稳定程度、洞口施工季节和隧道施工方法等选择施工时机和施工方法。

（2）洞口边坡、仰坡土石方的开挖，应减少对岩、土体的扰动，严禁采用大爆破；边坡和仰坡上可能滑塌的表土、灌木以及边坡和仰坡上的浮石、危石要清除或加固，坡面凹凸不平应整修平顺。

(3)在进洞前应按设计要求对地表及仰坡进行加固防护。松软地层开挖边、仰坡时,宜随挖随支护,随时监测、检查山坡稳定情况。当洞口可能出现地层滑坡、崩塌时,应及时采取预防和稳定措施,稳定坡体,确保施工安全。可采取地表砂浆锚杆、地表注浆等辅助工程措施或路基施工中稳定边坡的措施。

(4)偏压洞口施工应做好支挡、反压回填等工作后再开挖。开挖方法应结合偏压地形情况选定,不得因人为因素加剧偏压。

(5)洞口边坡及仰坡采用明挖法施工,自上而下分阶段、分层进行开挖。第一阶段挖至设计临时成洞面,并视围岩情况,结合暗洞开挖方法,预留进洞台阶;第二阶段开挖其余部分,形成永久边仰坡。不得掏底开挖或上下重叠开挖。洞口有邻近建(构)筑物时,应采取微震控制爆破。

(6)洞口边仰坡排水系统应在雨季之前完成。隧道排水应与洞外排水系统合理连接,不得侵蚀软化隧道和明洞基础,不得冲刷洞口前路基边坡及桥涵锥坡等设施。

(7)洞口永久性挡护工程应紧跟土石方开挖及早完成。地基承载力应满足设计要求。

(8)洞口仰坡上方洞身范围内禁止修建施工用水池。

(9)进洞前应完成应开挖的土石方,废弃的土石方应堆放在指定的地点,边坡、仰坡上方不得堆置弃土石方。

### 5.3.2　排水工程

(1)洞外排水工程包括边坡和仰坡外的截水沟、排水沟和洞口排水沟、涵管组成的排水系统,所有开挖与铺砌除按图纸施工外,还应符合《路基工程》分册中砌石工程的相关规定。

(2)边坡、仰坡外的截水沟或排水沟应于洞口土石方开挖前完成,防止地面水冲刷而导致边坡、仰坡落石、塌方。截水沟及排水沟的上游进水口,应与原地面衔接紧密或略低于原地面,下游出水口,应妥善地引入排水系统。

(3)边坡、仰坡以外的山体表面,如有坑洼积水时,应按设计要求予以处理。不得用土石方填筑,以免流失堵塞排水沟渠,影响洞口安全。

(4)路堑两侧边沟应与排水设施妥善连接,使排水畅通。土路肩及碎落台,应按设计要求予以加固。

(5)反坡施工洞口,施工期间洞口应设渗水盲沟,并将两侧排水沟于洞口部位设浆砌片石隔墙和洞外隔离。

### 5.3.3　临时防护

(1)由于洞口边仰坡开挖成形距洞门完成、永久防护到位间隔时间较长,为防止地表水渗入开挖面,保证此间洞口坡体的稳定性,一般采取锚喷网防护的形式。洞口土石方开挖完成,应随之及时进行防护。

(2)坡面临时防护施工前,应将岩面浮渣及危岩清除,并用高压风将坡面清理干净。

(3)锚杆施工时,应先在坡面上确定锚杆位置,并控制钻孔方向进行钻孔,孔深和孔径应符合设计要求。钻孔完毕应将孔内岩粉吹干净,尽快完成锚杆施作。

(4)如坡体含水率较大或有地下水,坡面渗漏水较多,应增设泄水孔或平孔排水。

### 5.3.4 进洞辅助措施

(1)超前管棚及超前小导管等辅助工程措施的施工方法,按本指南有关规定执行。超前管棚推荐采用履带式潜孔钻机。

(2)辅助工程措施所用钢筋、钢管等材质,环向间距、纵向搭接长度、方向等布设参数,以及锚固所用材料均应符合设计及规范要求。

(3)对有采用注浆施工的,承包人注浆前应认真分析围岩性质,选择合理的注浆设备和施工工艺,考虑采用单孔注浆还是双孔注浆,并确定合理的注浆初始压力、终压力。监理工程师应认真进行旁站,记录单孔注浆压力和单孔实际注浆量,记录内容应包含以下内容:施作里程范围、小导管(管棚)根数、长度、最大单根注浆量、最小单根注浆量、总注浆量(注浆量以使用水泥袋数或千克为单位)、注浆控制压力。对小导管、管棚的安装和注浆应要有影像资料。

(4)套拱基础应设置在符合图纸要求且稳固的地基上,地基承载力满足设计要求,基坑的渣体杂物、风化软层和积水应清除干净。

(5)以套拱内预埋的孔口管定向、定位,严格控制其上抬量和角度,确保钻孔定位准确。

### 5.3.5 明洞工程

1)边墙施工

(1)明洞边墙基础应设置符合图纸要求且设置在稳固的地基上,地基承载力满足设计要求,基坑的渣体杂物、风化软层和积水应清除干净。严禁超挖回填虚土。

(2)偏压隧道应按设计要求设置偏压墙。

(3)偏压和单压明洞的外边墙基底,在垂直路线方向应按设计要求挖成一定坡度向内的斜坡,以提高基底的抗滑力。如基底松软,应采取措施增加基底承载力。

(4)深基础开挖,应注意核查地质条件。如挖至设计高程,不符合图纸要求时,应提出变更设计。

(5)基础施工完成后应及时回填,避免雨水等侵蚀地基。

2)明洞衬砌及防水

(1)明洞衬砌及防水的施工要点与洞内二次衬砌基本相同,明洞衬砌与暗洞衬砌应连接良好。

(2)明洞拱圈混凝土达到设计强度的50%后拆除拱圈外模,应及时按设计规范要求施作防水层及拱脚纵向排水管、环向盲沟,防水板应向隧道内延伸不小于0.5m,并与暗洞防水板连接良好。

3)明洞回填

(1)拱圈混凝土达到设计强度、拱墙背防水设施完成后,方可回填拱背土方。

(2)明洞段顶部回填土方应对称分层夯实,每层厚度不得大于0.3m,两侧回填的土面高差不得大于 0.5m；底部应铺填 0.5～1.0m 厚碎石并夯实。回填至拱顶后应分层满铺填筑，顶层回填材料宜采用黏土以利于隔水。明洞黏土隔水层应与边坡、仰坡搭接良好，封闭紧密。石质地层中墙背与岩壁空隙不大时，可采用与墙身同级混凝土回填；空隙较大时，可采用片石混凝土或浆砌片石回填密实；土质地层，应将墙背坡面开凿成台阶状，用干砌片石分层码砌，缝隙用碎石填塞紧密，不得任意抛填土石。

(3)使用机械回填时，拱圈混凝土强度应达到设计强度，且需先用人工填筑夯实回填至拱顶以上 1.0m 后，方可使用机械施工。

### 5.3.6 洞口工程

(1)洞门基础开挖应注意基坑的支护，基础应置于稳固的地基上，地基承载力满足设计要求，应做好防水与排水工作，防止基底被水浸泡。基坑废渣、杂物等应清除干净。

(2)洞门拱墙应与洞内相邻的拱墙衬砌同时施工，连成整体。洞门端墙应与隧道衬砌紧密相连接。

(3)洞门端墙的砌筑(或浇筑)与墙背回填，应两侧同时进行，防止对衬砌产生偏压。

(4)洞门建筑完成后，洞门以上仰坡坡脚如有损坏，应及时修补，并应检查与确保坡顶以上的截水沟和墙顶排水沟及路堑排水系统的完好与连通。

(5)隧道明洞回填、洞门施工完成后，应及时做好洞口边坡及仰坡的地表恢复，符合环境保护要求，做好水土保持。

(6)洞门砌筑要求如下：

①面层料石一丁一顺分层砌筑。石料宜选用颜色清一，不含锈迹，石料精雕细凿，方正，表面修凿的纹路整齐统一，色泽一致，条石和丁石的尺寸要一致，边线要直顺，棱角要分明，缺边掉角的料石不得使用。墙背浆砌片石部分与面层咬合砌筑，避免“两层皮”，砌缝砂浆插捣密实。

②砌筑砂浆按试验确定的配合比，机械拌制。

③勾凹缝后，可按要求在缝内喷涂，以增强视觉效果。

④砌体施工过程中应及时按设计布置泻水孔。对个别出水点及时将水引出，并做好墙背后反滤层、排水盲沟等。

⑤砌体的大面要平整，缝宽要一致。条石外露面的尺寸为 60cm×30cm，丁石外露面的尺寸为 30cm×30cm，缝宽为 2cm。

(7)隧道洞门不宜粘贴石板材。

### 5.3.7 质量要求

(1)洞门端墙、翼墙和挡土墙基坑开挖施工质量应符合相关规定。

(2)洞门端墙、翼墙和挡土墙基坑安装质量应符合相关规定。

(3)洞门端墙、翼墙和挡土墙混凝土质量应符合相关规定。

(4)洞门砌体端墙、翼墙和挡土墙基坑开挖施工质量应符合相关规定。

# 6　洞身开挖

## 6.1　一般规定

洞身开挖应根据隧道长度、断面大小、结构形式、工期要求、机械设备、地质条件等，选择适宜的开挖方案（包括开挖顺序、爆破、施工照明、通风、排水、支护、出渣等）。为了最大限度地利用围岩自承能力，应采用有利于减少超挖、减少围岩扰动的开挖方法进行洞身开挖。

（1）开挖作业应符合下列规定：

①确定合理的开挖步骤和循环进尺，保持各开挖工序相互衔接，均衡施工。

②开挖断面尺寸应满足设计要求，应采用有效的测量手段控制开挖轮廓线，边沟、电缆沟及边墙基础应同时开挖，所有开挖应按图纸标明的开挖线并加入预留沉降量后的尺寸进行施工，开挖质量应符合设计及规范要求，严禁初期支护后二次爆破开挖。在开挖过程中，测量技术人员应随时测定隧道轴线位置和高程。

③开挖作业应保证安全，不得危及初期支护、二次衬砌和设备的安全，并应保护好量测用的测点，宜减少对围岩的扰动。

④开挖爆破作业应在上一循环喷射混凝土终凝后不少于 4h 进行。

⑤开挖后应做好地质构造的核对，及时做好监控量测工作。地质变化处和重要地段，应有相应照片或文字描述记载。

（2）隧道爆破应采用光面爆破技术，必要时采用预裂爆破技术。爆破作业及爆破物品管理应符合现行《爆破安全规程》（GB 6722—2014）的有关规定。施工中应优化钻爆设计、提高钻眼效率和爆破效果，降低工料消耗。开挖爆破应采用合理的起爆方式、选用适当的炸药品种和型号，在漏水和涌水地段应采用非电雷管起爆。

（3）隧道双向开挖的贯通应选择在Ⅳ级以上围岩地段、双向开挖距离 25m 时，两端施工应加强联系、统一指挥，并采取浅眼低药量，控制爆破振动。当两开挖面间的距离为 15m 时，应改为单向开挖，一端应停挖，将人员机具撤走，并在安全距离处设立警告标志。开挖侧每次爆破作业时，应提前 30min 通知停挖侧，停挖侧施工人员及机械设备应撤至安全距离以外。单向开挖时，应反打不少于 30m 且不小于洞口超前管棚长度，严禁在隧道洞口处贯通。

（4）双洞开挖时，应根据两洞的轴线间距、洞口里程距离、地质条件及其他自然条件，选择适当的开挖方法，确定好两洞开挖的时间差和距离差，并采取措施防止后行洞开挖对先行洞周壁产生不良影响。

（5）瓦斯地层隧道施工应按现行《煤矿安全规程》（2015）的有关规定执行。

（6）应安排好施工过程的测量，以保证隧道按设计方向和坡度施工，使开挖断面符合图纸所示尺寸，尽量做到不欠挖和不超挖。洞内还应每隔 50m 设置一个水准点。

(7)在施工过程中,应根据对开挖面的直接观察、围岩变形的量测结果,辅以超前地质预报,结合岩层构造、岩性及地下水情况,提出围岩分级的修改意见,并判定坑道围岩稳定性,提出相应的处理措施。

(8)隧道开挖过程中应按有关规范及本指南的规定设置逃生管道。

(9)仰拱部位开挖应满足:挖至设计高程时,底面应圆顺,渣物应清除;做好排水设施,清除积水;隧道底两隅与侧墙连接处应圆顺;应采取措施保证施工交通安全。

## 6.2　施工要点

### 6.2.1　开挖方法

隧道的开挖应根据隧道长度、断面大小、结构形式、工期要求、机械设备、地质条件等,选择适宜的开挖方案,开挖方案应具有较大适应性,且应与支护、衬砌施工相协调。如需变换开挖方法时应有过渡措施,并按以下原则进行控制:

(1)Ⅰ~Ⅲ级围岩的中小跨度隧道、Ⅳ级围岩中跨度隧道和Ⅲ级围岩的大跨度隧道在采用了有效的预加固措施后可采用全断面法施工。

(2)Ⅲ~Ⅳ级围岩的中小跨度隧道、Ⅴ级围岩的中小跨度隧道在采用了有效的预加固措施后可采用台阶法开挖。

(3)Ⅳ~Ⅴ级围岩或一般土质围岩的中小跨度隧道宜采用环形开挖留核心土法施工。

(4)三车道浅埋段的Ⅴ、Ⅵ级围岩应按中隔壁法、交叉中隔壁法或双侧壁导坑法施工。

(5)围岩较差、跨度大、浅埋、地表沉降需要控制的场合应采用中隔壁法(CD法)或交叉中隔壁法(CRD法)施工。两车道含水率大、承载力低的土质类围岩,应采用中隔壁法或交叉中隔壁法施工。

(6)浅埋大跨度隧道及地表下沉量要求严格而围岩条件很差时,应选用双侧壁导坑法施工。

(7)Ⅴ级围岩和浅埋段的Ⅳ级围岩每循环进尺控制在2榀钢拱架长度以内。

(8)浅埋段开挖应根据围岩及环境条件确定开挖方法,宜采用中隔壁法、交叉中隔壁法、双侧壁导坑法或环形开挖留核心土法。围岩的完整性较好时,宜采用台阶法开挖,不应采用全断面法施工。

(9)浅埋隧道开挖时应严格控制地表沉陷,减小循环开挖进尺和防止塌方。

(10)浅埋隧道开挖后应尽快进行初期支护施工。

(11)浅埋段围岩自稳能力差时,可采用地表砂浆锚杆、超前管棚、超前小导管、注浆等加固围岩稳定地层的辅助工程措施。

(12)浅埋隧道开挖应增加地表沉降、拱顶下沉的量测及反馈,量测频率不宜小于深埋段的2倍。

(13)浅埋隧道开挖应采取措施控制围岩变形。爆破开挖时,应短进尺、弱爆破、早支护,减少对围岩的扰动;敷设拱脚锚杆,提高拱脚处围岩的承载力;及时施工仰拱或临时仰拱;地质条件差或有涌水时,可采用地表预注浆结合洞内环形固结注浆。

### 6.2.2 超欠挖控制

(1)应严格控制欠挖,当岩层完整、岩石抗压强度大于30MPa并确认不影响衬砌结构稳定和强度时,允许岩石个别突出部分(每1$m^2$内不大于0.1$m^2$)欠挖,但其隆超量不得大于5cm。拱、墙脚以上1m内断面严禁欠挖。

(2)应尽量减少超挖,当采用特殊方法支护时,允许超挖量应适当降低。

(3)应采取光面爆破、提高钻眼精度、控制药量等措施,并提高作业人员的技术水平,将超挖控制在允许值以内。

(4)测定超挖量应根据现场条件采用切实可行的测定方法。一般可采取以下方法:

①由出渣量或衬砌混凝土量推算;

②通过激光投影仪直接测定开挖面面积;

③用断面测定仪量测。

(5)采用复合式衬砌时,隧道的开挖轮廓应预留变形量并满足设计及规范规定。

(6)当采用构件支撑时(如围岩压力较大,支撑可能沉落),应适当加大开挖断面,预留支撑沉落量保证衬砌设计厚度,预留支撑沉落量应根据围岩性质和围岩压力,并在施工过程中根据量测结果进行调整。

### 6.2.3 爆破作业

(1)钻眼前应定出开挖断面中线、水平线,用红油漆准确绘出开挖断面轮廓线,并标出炮眼位置(误差不超过5cm),经检查符合设计要求后方可钻眼。当开挖面凸凹较大时,应按实际情况调整炮眼深度,并相应调整装药量,除掏槽眼外的所有炮眼眼底宜在同一垂直面上。

(2)按照不同孔位,将钻工定点定位。钻工应熟悉炮眼布置图,能熟练地操作凿岩机械,特别是周边眼,一定要由有较丰富经验的老钻工施钻,有专人指挥,确保周边眼有准确的外插角,使两茬炮交界处台阶不大于15cm。同时,根据眼口位置岩石的凹凸程度调整炮眼深度,保证炮眼底在同一平面上。

装药前,用高压风将炮眼内泥浆、存水及石粉吹洗干净。装药需分片分组,按炮眼设计图确定的装药量自上而下进行,雷管要"对号入座",要定人、定位、定段别,不得乱装药。已装药的炮眼应及时堵塞密封。周边眼的堵塞长度不宜小于400mm。

(3)联结起爆网路施工应按现行《爆破安全规程》(GB 6722—2014)的有关规定执行。

(4)非点炮人员撤至安全地点后才能引爆。爆破后应经过通风排烟,且其相距时间不得少于15min且洞内空气质量符合规范规定,并经过以下各项检查和妥善处理后,其他工作人员才准许进入工作面:一是检查有无瞎炮及可疑现象;二是检查有无残余炸药或雷管;三是检查顶板、两帮有无松动石块;四是检查支护有无损坏与变形。爆破后应立即进行安全检查,如有瞎炮,应由原爆破人员按现行《爆破安全规程》(GB 6722—2014)的有关规定进行处理并确认无误后,才能出渣。

(5)出渣运输线路或道路应设专人进行维修和养护,使其处于平整、畅通状态。线路或道路两侧的废渣和余料应随时清除。出渣运输车辆应处于完好状态,制动有效,严禁人料混载,不准超载、超宽、超高运输。运装大体积或超长料具时,应有专人指挥,专车运输,并设置显示界限的红灯。进洞的各类施工机械和车辆,宜选用带净化装置的柴油机动力,有轨式出渣运输车辆宜选用电瓶车,汽油动力机械不宜进洞。在长隧道施工中,应建立工程运输调度,根据施工安排编制运输计划,统一指挥,提高运输效率。应根据弃渣场地形条件、弃渣利用情况、车辆类型,妥善布置卸渣路线。卸渣应在规定的卸渣路线上依次进行,不得干扰任何施工作业或其他设施。

## 6.3 开挖方法

### 6.3.1 全断面开挖法

(1)采用全断面一次开挖成型的施工方法,施工步骤参见图 6-1,主要应用于两车道Ⅰ、Ⅱ、Ⅲ及Ⅳ级较好围岩和三车道Ⅰ、Ⅱ、Ⅲ级围岩段的施工。

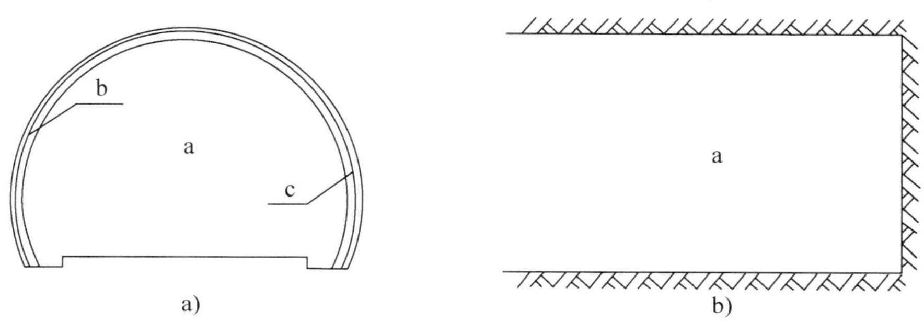


图 6-1 全断面法施工横断面及纵断面示意图

(2)施工顺序说明:a.全断面开挖;b.初期支护;c.二次衬砌。

(3)施工要求:循环进尺宜控制在 3~4m。

### 6.3.2 台阶法

(1)台阶法施工首先开挖上半断面,待开挖至一定长度后同时开挖下半断面,上下半断面开挖同时进行。其施工步骤见图 6-2。

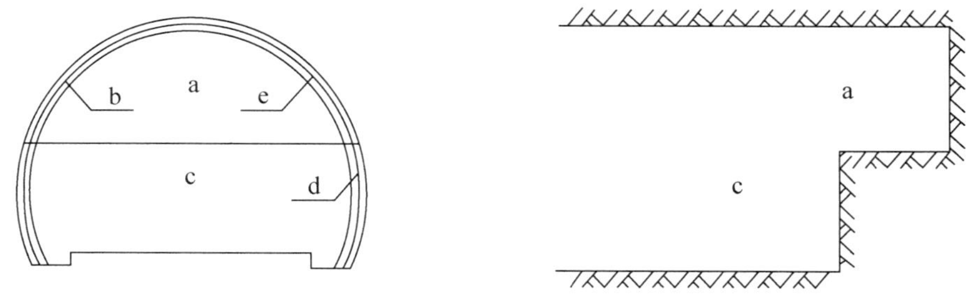


图 6-2 台阶法施工横断面及纵断面示意图

(2)施工顺序说明:a、c.上下台阶开挖;b.上台阶初期支护;d.下台阶初期支护;e.二次衬砌。

(3)施工要求。

①台阶分层不宜多,上下台阶之间的距离尽可能地满足机具正常作业,并减少翻渣工

作量。当顶部围岩破碎,需支护紧跟时,可适当延长台阶长度。

②施工亦应先护后挖,宜采用超前锚杆或超前小钢管辅助施工措施。开挖应尽量采用微震光面爆破技术。

③初期支护应紧跟开挖面;上台阶施工时,钢架底脚宜设索脚锚杆和纵向槽钢托梁以利下台阶开挖安全。下台阶在上台阶喷射混凝土强度达到设计强度的70%后开挖。

④隧道两侧的沟槽及铺底部分应和下台阶一次开挖成形。

⑤台阶分界线不得超过起拱线,上台阶长度不得大于30m,下台阶马口落底长度不大于2榀钢拱架的长度,应一次落底,并尽快封闭成环。

### 6.3.3　环形开挖留核心土法

(1)环形开挖留核心土法是一种先开挖上部环形导坑,并进行初期支护,再分部开挖剩余部分的施工方法。其施工步骤见图6-3。

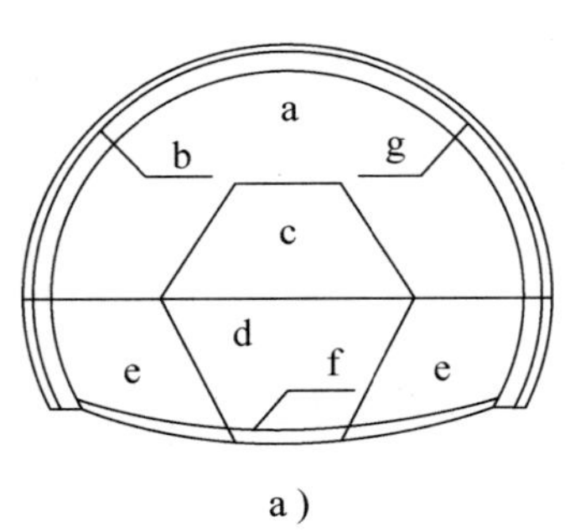

a)

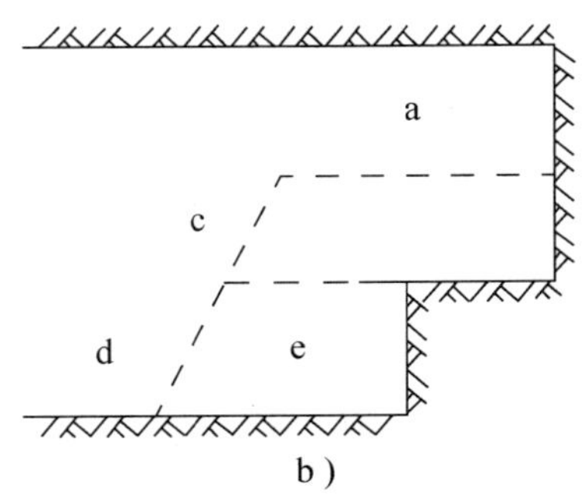

b)

图6-3　环形开挖留核心土法施工工序横断面及纵断面示意图

(2)施工顺序说明:a.弧形导坑开挖;b.拱部初期支护;c.预留核心土开挖;d.下台阶中部开挖;e.下台阶侧壁部开挖;f.仰拱超前浇筑;g.二次衬砌。

(3)施工要求。

①环形开挖留核心土法,将开挖断面分为上、中、下及底部4个部分逐级掘进施工,核心土面积应不小于整个断面面积的50%。上部宜超前中部3~5m,中部超前下部3~5m,下部超前底部10m左右。

②核心土与下台阶开挖应在上台阶支护完成、喷射混凝土强度达到设计强度的70%后进行。为防止上台阶初期支护下沉、变形,其底部宜加设槽钢托梁,托梁与钢架连为一体,钢架底部应按设计要求设置锁脚锚杆,并与纵向槽钢焊接,锚杆布设俯角宜为30°。

③每一台阶开挖完成后,及时喷射4cm厚混凝土对围岩进行封闭,设立型钢钢架及锁脚锚杆,分层复喷混凝土到设计厚度,必要时各台阶设临时仰拱加强支护,完成一个开挖循环。

④对土质的隧道应以核心土为基础设立3根临时钢架竖撑以支撑拱顶和拱腰,核心土应根据围岩量测结果适当滞后开挖。

### 6.3.4　中隔壁法(CD法)

(1)CD法是在软弱围岩大跨度隧道中,先分部开挖隧道的一侧,并施作中隔壁,然后再分部开挖另一侧的施工方法。其施工步骤见图6-4。

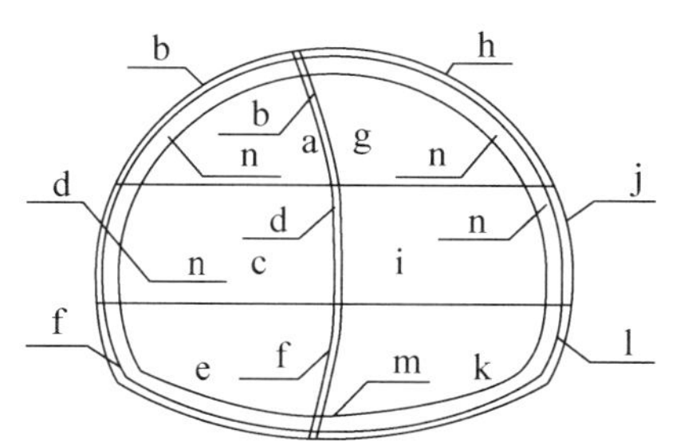


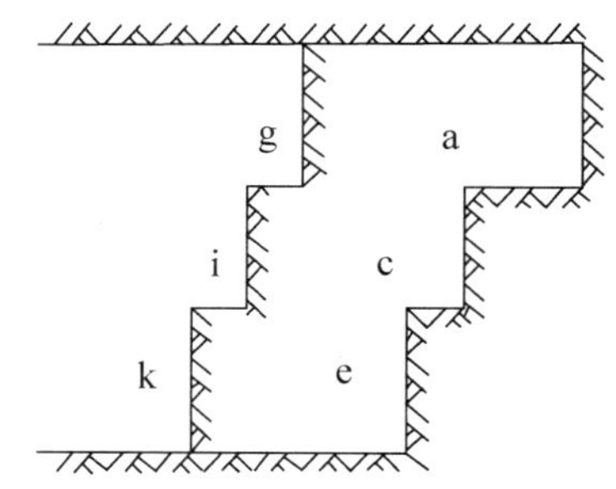


图 6-4 中隔壁法(CD 法)施工工序横断面及纵断面示意图

(2)施工顺序说明:a.先行导坑上部开挖;b.先行导坑上部初期支护;c.先行导坑中部开挖;d.先行导坑中部初期支护;e.先行导坑下部开挖;f.先行导坑下部初期支护;g.后行导坑上部开挖;h.后行导坑上部初期支护;i.后行导坑中部开挖;j.后行导坑中部初期支护;k.后行导坑下部开挖;l.后行导坑下部初期支护;m.仰拱超前浇筑;n.二次衬砌。

(3)施工要求。

①上部导坑的开挖循环进尺控制为 1 榀钢架间距(0.6~0.8m),下部导坑的开挖进尺可依据地质情况适当加大。

②中隔壁法或者交叉中隔壁法施工时,初期支护完成后方可进行下一分部开挖,地质较差时,每个台阶底部均应按设计要求临时钢架或临时仰拱。各部开挖时,周围轮廓应尽量圆顺;应在先开挖侧喷射混凝土强度达到设计要求后再进行另一侧开挖;左右两侧导坑开挖工作面的纵向间距不宜小于 15m;当开挖形成全断面时,应及时完成全断面初期支护闭合。

③导坑开挖孔径及台阶高度可根据施工机具、人员等安排进行适当调整。应配备适合导坑开挖的小型机械设备,提高导坑开挖效率。

④中隔壁的拆除工艺是关键技术,中隔壁拆除时间的判定要以拱顶下沉和净空收敛为依据,一般在拱顶下沉 7d 内增量在 2mm 以下作为拆除中壁的基准。同时,要求中隔壁的拆除应滞后于仰拱,一次拆除长度应根据量测数据慎重确定,拆除后应立即施作二次衬砌。

### 6.3.5 交叉中隔壁法(CRD 法)

(1)CRD 法是在弱弱围岩大跨度隧道中,先分部开挖隧道一侧,施作中隔壁和横隔板,再分部开挖隧道另一侧并完成横隔板施工的施工方法。其施工步骤见图 6-5。

(2)施工顺序说明:a.左侧上部开挖;b.左侧上部初期支护;c.左侧中部开挖;d.左侧中部初期支护;e.右侧上部开挖;f.右侧上部初期支护;g.右侧中部开挖;h.右侧中部初期支护;i.左侧下部开挖;j.左侧下部初期支护;k.右侧下部开挖;l.右侧下部初期支护;m.仰拱超前浇筑;n.二次衬砌。

(3)施工要求。

①为确保施工安全,上部导坑开挖循环进尺控制为 1 榀钢架间距(0.6~0.8m),下部开挖可依据地质情况适当加大,仰拱一次开挖长度依据监控量测结果、地质情况综合确定,一般不宜大于 6m。

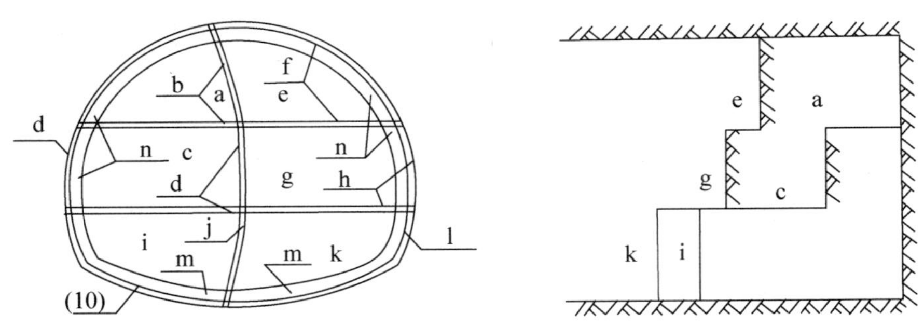


图 6-5　交叉中隔壁法(CRD 法)施工工序横断面及纵断面示意图

②中间支护系统的拆除时间应考虑其对后续工序的影响,当围岩变形达到实际允许的范围之内,并在严格考证拆除的安全性之后,方可拆除。中隔壁混凝土拆除时,要防止对初期支护系统形成大的振动和扰动。

③中隔壁的拆除时间要求同 CD 法。

④应配备适合导坑开挖的小型机械设备,提高导坑开挖效率。

### 6.3.6　双侧壁导坑法

(1)双侧壁导坑法是分部开挖隧道两侧的导坑,并进行初期支护,再分部开挖剩余部分的方法。其施工步骤见图 6-6。

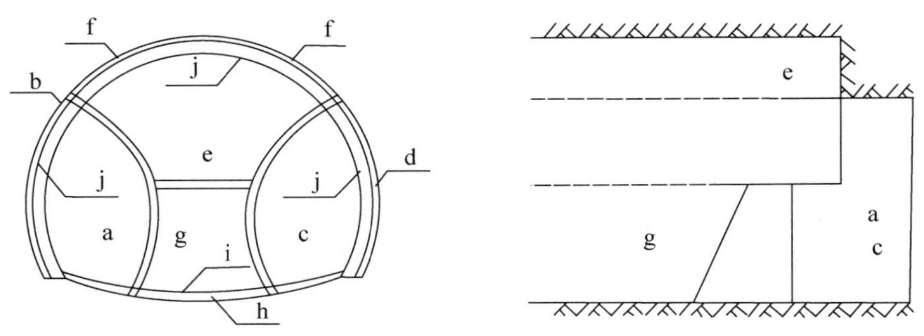


图 6-6　双侧壁导坑法施工工序横断面及纵断面示意图

(2)施工顺序说明:a、c.左(右)导坑开挖;b、d.左(右)导坑初期支护;e.上台阶开挖;f.上台阶初期支护;g.下台阶开挖、导坑隔壁拆除;h.仰拱初期支护;i.仰拱超前浇筑;j.二次衬砌。

(3)施工要求。

①围岩开挖应尽量采用挖掘机和人工配合无爆破施工,局部需爆破施工时,宜弱爆破施工,以尽量减少对底层围岩的扰动。

②开挖应严格按规范做好监控量测工作,随时掌握围岩及支护的变形情况,以便及时修正支护参数,改变施工方法。同时,应有较准的超前地质预报。

③开挖时的排水工作要认真做好,在保证排水畅通的同时,重点要对两侧临时排水沟铺砌抹面,防止钢支撑基底软化。

④侧壁导坑开挖后,应及时施工初期支护并尽早形成封闭环;侧壁导坑形状应近于椭圆形断面,导坑跨度宜为整个隧道跨度的 1/3;左右导坑施工时,前后拉开距离不宜小于 15m;导坑与中间土体同时施工时,导坑应超前 30~50m。

## 6.4 连拱隧道

### 6.4.1 一般规定

(1)连拱隧道一般埋深浅、跨度大、地质条件复杂、受雨季地表水影响大,施工应严格按设计及规范要求采取强有力的超前预支护或预加固措施以保证开挖安全,还应特别注意地形偏压带来的不利影响。

(2)钻爆法施工应采用微震光面爆破和减轻振动爆破技术,以减轻爆破对围岩的扰动。

(3)连拱隧道施工应合理安排两侧主洞开挖、初支、二衬等工序的先后顺序及步距,减少先行洞、后行洞施工时相互对围岩及结构的扰动,以确保施工安全。一般情况下,不宜左右两洞齐头并进,同时开挖、衬砌,宜先左(右)洞,后右(左)洞;再左(右)洞、继而右(左)洞的逐步推进,如此往复循环依次进行。先行洞应选择在偏压侧及地质较为软弱的一侧;先行洞开挖超前另侧主洞 30~50m,先行洞二次衬砌断面落后后行洞开挖面距离,现场可根据爆破震动监测结果确定,一般不小于 2 倍洞径。

(4)为确保施工安全,避免二衬出现开裂,要求左右洞应至少各配备 1 台二次衬砌模板台车。

(5)应严格在设计要求进行中隔墙施工,中隔墙施工时应注意预埋与主洞钢支撑连接钢板,见图 6-7。

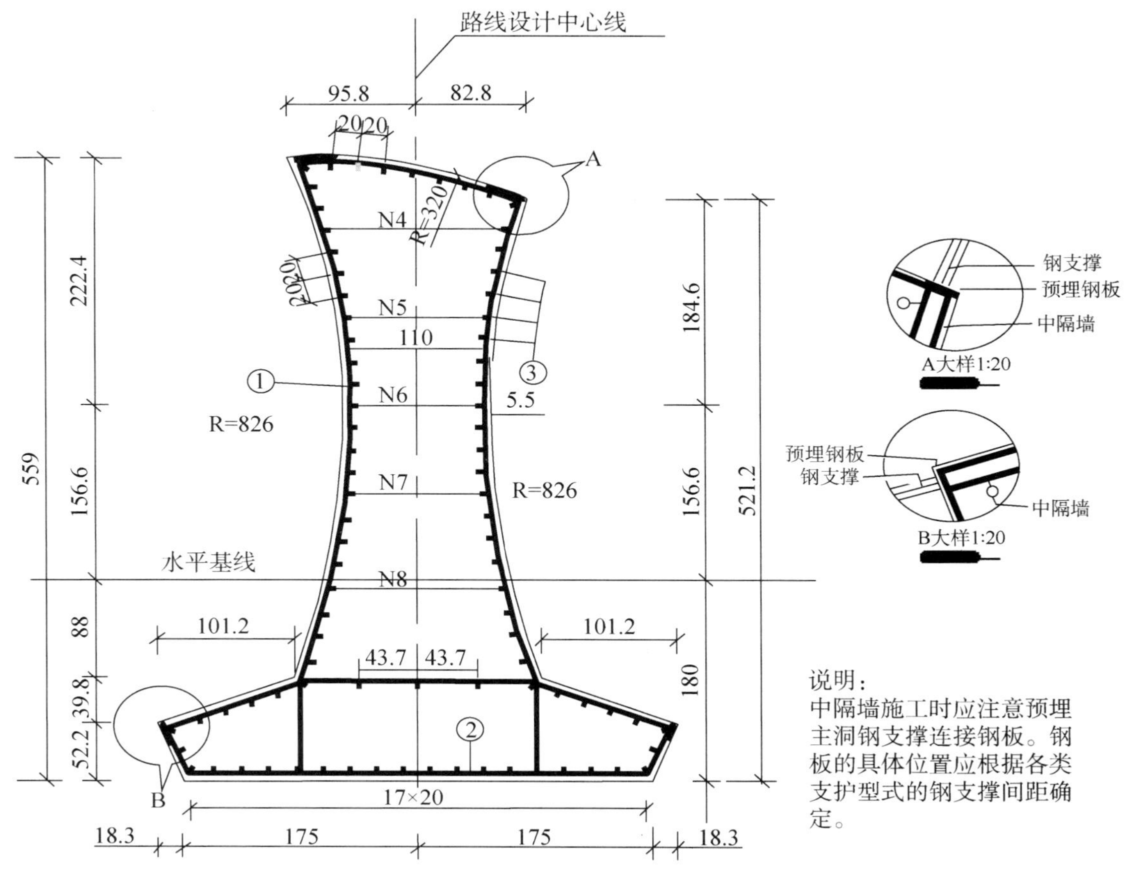


图 6-7 连拱隧道中隔墙预埋件(尺寸单位:cm)

### 6.4.2　施工工序和步骤

连拱隧道总体施工工序见图 6-8,施工步骤见图 6-9。

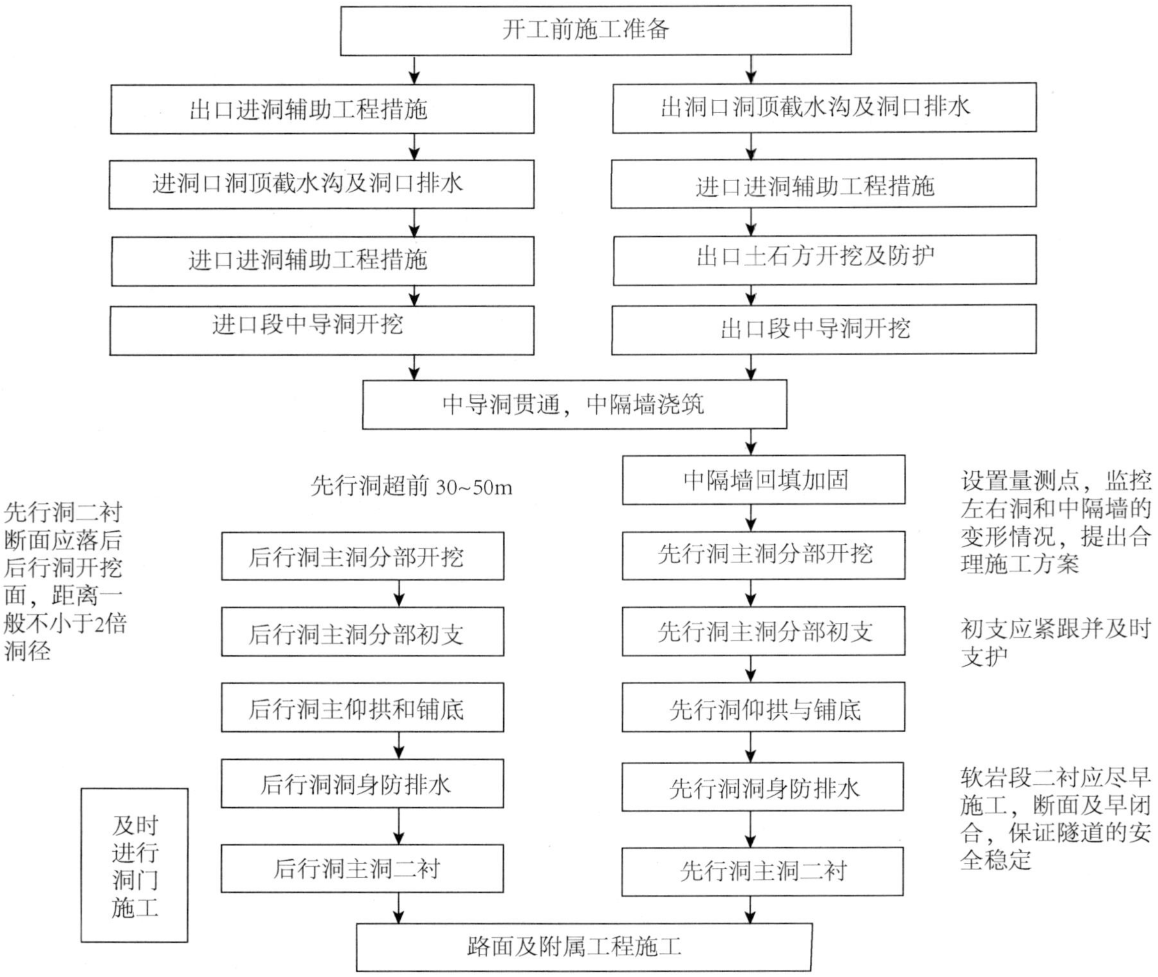

开工前施工准备

- 出口进洞辅助工程措施
- 进洞口洞顶截水沟及洞口排水
- 进口进洞辅助工程措施
- 进口段中导洞开挖

右列：
- 出洞口洞顶截水沟及洞口排水
- 进口进洞辅助工程措施
- 出口土石方开挖及防护
- 出口段中导洞开挖

中导洞贯通，中隔墙浇筑

先行洞超前 30~50m

后行洞（左列）：
- 后行洞主洞分部开挖
- 后行洞主洞分部初支
- 后行洞主仰拱和铺底
- 后行洞洞身防排水
- 后行洞主洞二衬

先行洞（右列）：
- 中隔墙回填加固
- 先行洞主洞分部开挖
- 先行洞主洞分部初支
- 先行洞仰拱与铺底
- 先行洞洞身防排水
- 先行洞主洞二衬

路面及附属工程施工

左侧注：先行洞二衬断面应落后后行洞开挖面，距离一般不小于2倍洞径

左侧注：及时进行洞门施工

右侧注：设置量测点，监控左右洞和中隔墙的变形情况，提出合理施工方案

右侧注：初支应紧跟并及时支护

右侧注：软岩段二衬应尽早施工，断面及早闭合，保证隧道的安全稳定

图 6-8　连拱隧道总体施工程序

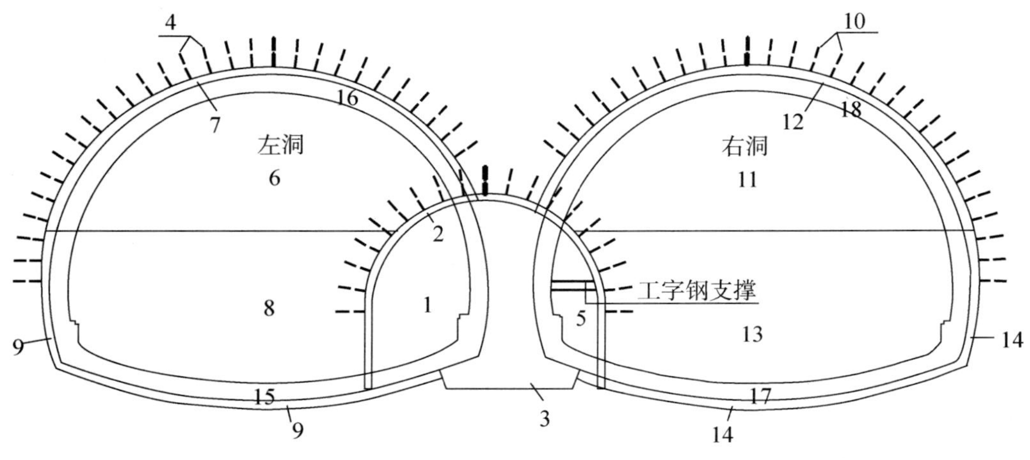


图 6-9　连拱隧道施工步骤

### 6.4.3 施工要点

1)中导洞开挖

中导洞开挖决定着洞身开挖的方向,也是对洞身围岩的情况先行探察,为主洞的开挖积累资料和摸索情况,可及时与设计围岩进行对比,修正支护结构参数,指导主洞的施工。中导洞是隧道开挖的关键,应准确控制开挖中线,仔细探察岩层情况。中导洞贯通后,浇筑中隔墙混凝土。墙顶处的防、排水设施应按图纸及规范要求做好施工,以保证防、排水设施能充分发挥其效用,排水畅通,不渗不漏。

2)中隔墙施工

连拱隧道对中隔墙的地基承载能力要求较高,施工时应对地基进行测试。承载力不能满足要求时,应采取提高地基承载力的措施,如高压加固注浆等。中隔墙混凝土施工应符合以下要求:

(1)基础底面应清扫干净,无水、无石渣。

(2)墙身内预埋件、排水管应固定牢固,位置准确。中隔墙施工时,应注意预埋与主洞钢支撑连接钢板预埋牢固,并应加强对预埋排水和止水设施的保护。

(3)中隔墙顶部应与中导洞顶紧密接触、回填密实。

(4)中隔墙模板宜采用定型钢模,以保证混凝土浇筑质量,加快中隔墙施工效率。

3)主洞施工

(1)开挖先行主洞前,后行主洞围岩与中隔墙之间的空隙应按设计要求进行回填密实或支撑顶紧。爆破设计时不得以中导洞作为爆破临空面。

(2)主洞上拱部的开挖,应在中隔墙混凝土浇筑完毕并达到强度要求后进行,并应慎重施工。为了平衡初期支护左(右)侧拱圈的推力,上拱部开挖前,应在中隔墙右(左)侧导坑空隙处用钢管设置横向水平支撑,或采取其他措施,支顶中隔墙,防止中隔墙受到左(右)侧拱圈的推力后产生变形。

(3)开挖过程中应及时做好洞内排水系统,严禁洞内积水。软岩地段施工排水沟不应沿边墙设置,宜距墙基脚适当距离,以防止水沟渗水软化墙基底围岩面降低其强度。

### 6.4.4 施工质量控制措施

1)洞口永久衬砌质量控制措施

洞口永久衬砌常见质量问题有永久衬砌开裂或位移。防治措施主要有:

(1)洞口施工应根据实际情况反复研究施工方案,并严格按制订的工艺流程组织施工。

(2)应贯彻早进晚出的原则,尽量少动土,以减少对周围岩层的扰动。

(3)进洞施工应坚持先固后挖,采用锚喷挂网封闭边仰坡,开挖采用台阶法,先上后下,短进尺、弱爆破、快喷锚、强支护、早封闭,必要时要打护拱和护墙。

(4)洞门应及早施工,紧邻洞门的洞身段要采取加固措施,并宜在冬季、雨季前做好,以增强洞口稳定。

2)二次衬砌外观质量控制措施

隧道二次衬砌外观常见质量问题主要有裂缝、蜂窝、错台、不平整等。

(1)裂缝防治措施。

①加强围岩变形收敛量测,达到规范要求后方可施作二次衬砌。

②严格控制爆破质量,对超挖部分应用喷射混凝土补平,防止不规则岩层约束衬砌收缩变形。

③拆模时应由试验室下发拆模通知单,不得因赶工期而提前拆模。

④精心设计混凝土配合比,降低混凝土水胶比、通过在胶凝材中掺入矿物掺合料减少混凝土水化热。

⑤尽量减少使用附着式振动器次数,避免振捣时扰动已初凝混凝土。

⑥边墙基底浮渣应清理干净,防止发生沉降裂缝。当围岩发生变化时,应根据设计要求设置沉降缝。

⑦采用喷头洒水养生或涂刷养生液养生,减少混凝土收缩裂缝。

⑧精心设计与施工衬砌台车防止衬砌台车杆件变形断裂。

⑨保证混凝土输送压力,防止衬砌上部空洞、积水。

(2)蜂窝防治措施。

①精心设计混凝土配合比,保证配合比中水泥浆富余量。

②严格加强混凝土原材料的检验计量工作,特别对粗、细集料的颗粒级配应严格按要求进行试验,及时调整配合比胶凝材用量。加强现场对混凝土用水的计量工作,严禁凭经验加水,防止混凝土严重泌水现象。

③加强振捣防止漏捣,严格控制振捣时间防止过捣。

④衬砌台车底部应加设止水橡皮条防止漏浆。

⑤新老混凝土接茬处施工时,应在接茬处浇筑同水胶比的砂浆 10~20cm 厚,防止混凝土接茬处出现蜂窝。

(3)错台及衬砌表面不平整处理措施。

①设计时应仔细考虑杆件受力情况以刚度控制杆件截面尺寸。

②施工时用应变仪(或收敛仪)量测各杆件的变形量,及时将变形量大的杆件进行加固。

③混凝土灌注时应左右对称进行(一侧混凝土高度严禁高于另一侧 1.0m 以上),防止偏压。

④混凝土灌注时加强对衬砌台车千斤顶油路检查,防止千斤顶回油收缩,并设置螺杆支撑。

⑤边墙施工时精心测量,精心施工,加强边墙衬砌支撑。

⑥减少衬砌台车接头处搭接量,并相应减少该处的附着式振动器振捣次数。

3)隧道开挖超欠挖控制措施

(1)采用精密导线网进洞,每 50m 设一个控制点,用全站仪精确放样,防止出现测量失误。

(2)开挖断面应尽量保证平整,不平整断面应补炮。

(3)采用5寸台放样,放样时应考虑岩面不平因素,调整尺寸,并严格控制丈量时钢尺应处于水平状态。

(4)严格按光面爆破炮眼布置图布眼,并严格控制因边眼的眼孔方向,周边眼与第一排辅助眼的间距。

(5)精确控制周边眼装药量,采用线型不耦合装药,以防止集中装药,炮眼部围岩孔壁过度破碎。

(6)加强爆破效果观测,合理调整装药量。

(7)加强量测,收集围岩地质变化情况,开挖时依据实测数据预留沉落量。

(8)选用技术丰富的炮工负责钻爆施工。

(9)采用隧道断面仪精确测量开挖断面,及时调整施工工艺。

4)围岩坍塌控制措施

在施工过程中,经常出现围岩不同程度的坍塌,造成不应有的危害和损失。其防治措施主要有:

(1)施工前对设计提供的地质资料进行详细了解、分析,并进行必要的现场调查核实。

(2)制订详细的施工组织安排,选择切实可行的施工方法,拟定防塌措施并准备好必要的机械和设备。

(3)洞身开挖应采用光面爆破或预裂爆破,选择合理的爆破参数。在软弱、破碎围岩地段,应严格控制爆破进尺,并采用一些辅助措施配合开挖。

(4)洞身开挖后应进行支护,以维护围岩的稳定。作为防止塌方的有效手段,应优先采用锚喷支护,锚喷支护应在开挖后及时进行,不允许几茬炮放在一起施作,并且在喷射结束后4h内,不得进行爆破作业。

(5)任何形式的施工支护,在施作永久衬砌以前,都应进行经常性的检查,若发现异常则应立即采取补救加固措施,以保持其稳定。

5)铺底和仰拱质量控制措施

铺底和仰拱常出现的质量问题主要有:铺底和仰拱开裂,排水不畅。防治措施主要有:

(1)在施作铺底和仰拱时,应先将废渣和杂物清除干净。隧底超挖过多时则应先以浆砌片石回填密实。

(2)铺底时其顶面高程应高于侧沟进水孔的进口端,纵向坡面应平顺,使水流畅通,坡度应符合设计要求。

(3)侧沟进水孔的位置数量应符合设计要求,铺底时不得堵塞进水孔。

## 6.5 小净距隧道

### 6.5.1 一般规定

(1)小净距隧道开挖方法选择,应以减免对中夹岩的扰动、控制中夹岩的变形、有利于保证开挖过程中围岩的稳定性为原则。开挖宜应用微震爆破技术,分步进行开挖,短进尺,弱爆破，快循环进行施工。

（2）小净距隧道开挖过程中，应合理安排开挖、支护的先后顺序，及时锚喷支护，并科学运用超前支护、水平贯通预应力锚杆及注浆加固等技术，及时有效地做好中夹岩的加固工作。

（3）小净距隧道施工应以利于中夹岩及支护、衬砌结构的稳定为原则，合理安排左右洞施工工序步距。

（4）小净距隧道施工应组织成立有科研单位参加的专门小组配合施工，加强测试，通过精心、规范的监控和快速灵敏的信息反馈体系，随时掌握围岩和支护的变形情况，科学修正支护参数，及时修订施工方案，保证施工安全。

### 6.5.2　施工工序

（1）小净距隧道爆破应进行专门设计，并进行试爆，测定振动值，严格控制爆破振动。先行洞与后行洞掌子面错开距离应大于 2 倍隧道开挖宽度。小净距隧道施工应重点控制爆破对中岩墙的危害。相邻爆破分段起爆间隔时间宜不小于 100ms。

（2）对于Ⅲ、Ⅳ、Ⅴ级围岩，小净距隧道双洞间相互影响程度划分和小净距隧道爆破震动速度控制标准可参考表 6-1 及表 6-2。

**小净距隧道双洞间相互影响程度划分**　　表 6-1

| 围岩条件 | | 影响程度 | | | 分离式单洞 |
|---|---|---|---|---|---|
| | | 严重影响 | 一般影响 | 轻微影响 | |
| 围岩级别 | Ⅲ | ≤0.375$B$ | (0.375~0.5)$B$ | (0.75~2.0)$B$ | ≥2.0$B$ |
| | Ⅳ | ≤0.5$B$ | (0.5~0.75)$B$ | (1.0~2.5)$B$ | ≥2.5$B$ |
| | Ⅴ | ≤0.75$B$ | (0.75~1.5)$B$ | (1.5~3.5)$B$ | ≥3.5$B$ |

注：$B$ 为单洞隧道的开挖宽度。

**小净距隧道爆破振动速度控制标准值**　　表 6-2

| 围岩级别 | 小净距隧道爆破震动速度控制标准值（mm/s） | | |
|---|---|---|---|
| | 严重影响 | 一般影响 | 轻微影响 |
| Ⅲ | 80~100 | 100~120 | 150~120 |
| Ⅳ | 50~80 | 80~100 | 100~150 |
| Ⅴ | <50 | 50~80 | 80~100 |

（3）先行洞的开挖可采用与分离式隧道相同的施工方法，但应重视爆破振动对中岩墙的影响。后行洞的开挖，当采用 CD 法或 CRD 法开挖时，宜先开挖靠近中岩墙侧。

（4）小净距隧道初期支护、二次衬砌应满足以下要求：

①对于差围岩，应采用封闭的初期支护；对于好的围岩，初期支护可不封闭，但应尽早浇筑仰拱。

②先行洞的二次衬砌宜在围岩变形基本稳定后进行，宜落后于后行洞掌子面 2 倍隧道开挖宽度以上，且在初期支护变形基本稳定（参考值：周边位移速率小于 0.2mm/d，拱顶下

沉速率小于 0.15mm/d)后尽早施工。

(5)小净距隧道中岩墙采用水平预应力贯通锚杆加固时,应符合以下规定:

①锚杆材料应满足设计要求,锚杆下料长度根据中岩墙厚度、锚杆布置和距离确定。垫板采用碗形垫板,其尺寸满足设计要求,螺帽采用球形螺帽。

②按设计要求定位、标记,钻孔方向宜与岩面垂直。钻孔位置允许偏差 15mm,深度允许偏差±50mm。

③用注浆管向孔内注浆,注浆压力不应大于 0.4MPa,注浆管应插至距孔底 50~100mm 处,水泥砂浆注入,缓慢拔除注浆管,随即迅速插入锚杆体。

④贯通锚杆施工时,在先行洞锚杆钻孔内水泥砂浆强度达到设计后,通过扭力扳手对锚杆施加力进行初张拉,施加预应力为设计值的 50%。后行洞开挖暴露出锚杆端部的螺帽,通过扭矩扳手施加预应力至设计值,然后对先行洞锚杆补拉至设计值。每根锚杆除砂浆锚固段外,按设计有张拉自由段,用塑料套管保护。施工前应在洞外标定出扭矩扳手力矩与锚杆拉力的关系。

### 6.5.3 质量要求

(1)小净距隧道监控量测,应根据不同围岩级别制订量测计划。应将中夹岩稳定、地表沉降和爆破振动对相邻洞室的影响作为监控量测的重要内容。根据施工中所得到的现场量测资料,对施工方法和工序应及时进行调整,以确保工程安全、经济与合理。

(2)后行洞开挖时,应加强对中岩墙的监控量测,其量测项目及方法可按表 6-3 执行。

**小净距隧道中岩墙现场监控量测项目及方法** 表 6-3

| 序号 | 项目名称 | 方法工具 | 布置 | 间隔时间 | | |
|---|---|---|---|---|---|---|
| | | | | 1~30d | 1~3 个月 | 大于 3 个月 |
| 1 | 中岩墙土压力 | 钢弦式压力盒 | 每 10~30m 一个断面,每个断面 3 个压力盒 | 1~2 次/d | 1 次/2d | 1 次/周 |
| 2 | 围岩内位移 | 多点位移计及千分表 | 每 10~30m 一个断面,每个断面 2 个测点 | | | |
| 3 | 围岩压力 | 钢弦式压力盒 | 每 10~30m 一个断面,每个断面 1 个压力盒 | | | |

# 7　初期支护与辅助工法

## 7.1　一般规定

(1)施工中应做好地质描述、超前地质预报,根据围岩条件的变化,因地制宜,提前采取相应措施,做到安全可靠、经济合理。

(2)初期支护应配合开挖作业及时进行,确保围岩稳定及施工安全。施工作业台架应牢固可靠,并应设置安全围栏。

(3)隧道支护宜根据现场监控量测结果,分析施工中的各种信息,及时调整支护措施和支护参数。

(4)当掌子面自稳能力差时,应采取增加辅助工程措施或改变开挖方法等措施。

(5)软弱围岩地段施工应坚持“先支护(强支护)、后开挖(短进尺、弱爆破)、快封闭、勤量测”的施工原则,初期支护紧跟掌子面。Ⅳ~Ⅵ级围岩初期支护应保证尽早封闭成环。

(6)在浅埋、严重偏压、自稳性差的地段以及大面积淋水或涌水地段施工时,应按设计采用稳定地层和处理涌水的辅助工程措施。稳定地层措施主要包括超前锚杆支护、超前小导管预注浆支护、超前管棚支护、超前预注浆、地面砂浆锚杆、地表注浆等。其中前四项为稳定洞内围岩和开挖面的措施,后两项为稳定地面地层、防止地面下沉、滑塌和在浅埋地段与洞内措施一起作用稳定洞内围岩及开挖面的措施。涌水处理措施主要包括超前围岩预注浆堵水、开挖后补注浆堵水、超前钻孔排水、坑道排水、井点降水等。

(7)辅助工程措施施工应符合以下规定:

①应做好相应的工序设计。

②应准备所需的材料及机具,制订有关的安全施工措施。

③施工中应注意观察地形和降水、地质条件和地下水的变化以及量测数据的突变等情况,预防突发事故的发生。

④做好详细的施工记录。

(8)隧道施工作业人员应配备应的安全防护用具(如安全帽、安全带、防尘口罩、绝缘防滑鞋等)和安全防护服装,安全防护用具和安全防护服装的使用、采购和管理应符合现行《公路水运工程安全生产监督管理办法》(交通部令 2007 年第 1 号)的规定。作业人员的皮肤应避免与速凝剂、树脂胶泥等化学制剂直接接触。严禁树脂接触明火。作业区粉尘浓度应符合规范的要求。

## 7.2 喷射混凝土

### 7.2.1 准备工作

(1)岩面有渗水出露时,应先引排处理。当局部出水量较大时,可采用埋管、凿槽、树枝状排水盲沟等措施,将水引导疏出后再喷射混凝土。混凝土中可根据试验结果增添外加剂,以确保喷射混凝土质量。

(2)应埋设标志或利用锚杆外露长度,以控制喷射混凝土的厚度,确保最小厚度满足设计要求。

(3)检查材料、机具、劳力的准备情况,以及风、水、电等管线路,并试运转,作业面具有良好的通风和照明条件。

(4)喷射设备应能连续均匀混料并喷射。混料设备应严格密封,以防外来物质侵入。在混料中添加钢纤维时,宜采用钢纤维拌料机。

### 7.2.2 混凝土原材料

(1)水泥。宜选用硅酸盐水泥或普通硅酸盐水泥。特殊情况下可采用特种水泥,采用特种水泥时应进行现场试验,指标应满足设计要求。

(2)粗集料。应采用连续级配、坚硬耐久的碎石,最大粒径不应大于 16mm,其压碎值应≤16%,针片状颗粒含量≤25%,含泥量≤2.0%。

(3)细集料。要求采用连续级配、坚硬耐久、颗粒洁净、粒径小于 4.75mm 的河砂或机制砂,细度模数宜大于 2.5,其含泥量≤5.0%。

(4)外加剂。应对混凝土的强度及围岩的黏结力基本无影响,对混凝土和钢材无腐蚀作用,易于保存,不污染环境,对人体无害。外加剂使用前应进行相应性能试验。凡喷射混凝土拟用于堵塞漏水灌浆,或要求支撑加固尽快达到强度值,可掺加早强剂于混合料中。为使喷射混凝土在喷射后达到速凝,可掺加速凝剂于混合料中。

(5)速凝剂。应根据水泥品种、水胶比等,根据不同掺量的混凝土试验选择掺量,使用前应做好速凝效果试验,要求初凝不应大于 5min,终凝不应大于 10min。应采用液体速凝剂,严禁采用粉体速凝剂。

(6)水。应采用清洁的饮用水,pH 值不小于 4、硫酸盐含量(以 $SO_4^{-2}$ 计)不超过 1%的清水(按质量计)。在喷射混凝土的用水中,含有的有机物和无机物应以不损害混凝土的质量为准。

(7)矿物掺合料。矿物掺合料掺量应通过试验确定,掺入矿物掺合料后的喷射混凝土性能应满足设计要求。

### 7.2.3 喷射作业

(1)隧道开挖后应立即对岩面喷射混凝土,以防岩体发生松弛。

(2)喷射作业应分段、分片依次进行,喷射顺序自下而上进行,每次作业区段纵向长度不宜超过 6m。

(3)喷射混凝土作业需紧跟开挖面时,下次爆破距喷射混凝土作业完成时间的间隔不不小于 4h。

(4)喷射混凝土混合料应随拌随喷,回弹物不得重新用作喷射混凝土材料。

(5)一次喷射厚度应根据设计厚度和喷射部位确定,初喷厚度不小于 40~60mm。复喷一次喷射厚度拱顶不得大于 100mm、边墙不得大于 150mm。首层喷混凝土时,要着重填平补齐,将小的凹坑喷圆顺。岩面有严重坑洼处采用锚杆吊模模喷混凝土处理。

(6)喷射作业应以适当厚度分层进行,后一层喷射应在前一层混凝土终凝后进行。若终凝后间隔 1h 以上且初喷表面已蒙上粉尘时,受喷面应用高压风水清洗干净。

(7)喷射混凝土作业时喷嘴应垂直岩面。喷嘴距岩面距离以 0.6m~1.2m 为宜,喷射料束与受喷面垂线成 5°~15°夹角时最佳。喷射时,应使喷射料束螺旋形运动。喷射机工作压力应控制在 0.10~0.15MPa。

(8)钢架与壁面之间的间隙应用混凝土充填密实;喷射混凝土应由两侧拱脚向上对称喷射,并将钢架覆盖、保证将其背面喷射填满,黏结良好。拱脚基础喷射凝土要密实,严禁悬空。

(9)喷混凝土终凝 2h 后,应喷水养护,养护时间不少于 7d;隧道内环境温度低于+5℃时,不得喷水养护。

(10)冬季施工时,喷射混凝土作业区的温度不应低于 5℃,混合料进入喷射机的温度不应低于 5℃,在结冰的岩面上不得进行喷射混凝土作业。混凝土强度未达到 6MPa 前不得受冻。

## 7.3　锚杆

(1)钻孔深度不应小于锚杆杆体有效长度,但深度超长值不应大于 100mm。

(2)钻孔宜保持直线,系统锚杆钻孔方向宜与开挖面垂直,当岩层层面或主要结构面明显时,应尽可能与其成较大交角,但与开挖面的垂直偏差不应大于 20°。局部锚杆应尽可能与岩层层面或主要结构面成大角度相交。

(3)锚杆深度要求:水泥砂浆锚杆孔深允许偏差为±50mm;早强药包锚杆孔深应与杆体长度配合适当。

(4)锚杆材料应满足设计要求,并应符合以下规定:

①锚杆杆体宜选用 HRB335、HRB400 钢,杆体直径 20~28mm,杆体屈服抗拉力 150kN,强屈比≥1.2。

②锚杆用的各种水泥砂浆强度不应低于 M20。

③锚杆垫板材料宜采用 Q235 钢材。

(5)安装垫板时,应确保垫板与锚杆轴线垂直,确保垫板与喷射混凝土层紧密接触。当锚杆孔的轴线与孔口面不垂直时,可采用两种方法进行调整:一是在螺帽下安装楔形垫块;二是在垫板后用砂浆或混凝土找平。砂浆凝固前锚杆不得加力。

(6)普通水泥砂浆锚杆。

①普通水泥砂浆锚杆与中空注浆锚杆施工顺序不同,施工顺序为成孔后先注浆再安装锚杆。

②普通水泥砂浆锚杆宜选用螺纹钢筋作锚杆。锚杆外露端应加工 120~150mm 的标准螺纹,并采用配套标准螺母。

③砂浆配合比(质量比):水泥:砂:水宜为 1:(1~1.5):(0.45~0.5),砂的粒径不宜大于 3mm。

④砂浆应随拌随用,一次拌和的砂浆应在初凝前用完,已初凝的砂浆不得使用。

⑤采用单管注浆工艺,灌浆管应插至距孔底 50~100mm 处,开始注浆后反复将注浆管向孔底送,使砂浆将孔内多余的水挤压出孔外,之后随水泥砂浆的注入缓慢匀速拔出。灌浆压力不宜大于 0.4MPa。

⑥注浆开始或中途暂停超过 30min 时,应用水润滑灌浆罐及其管路。

⑦砂浆灌注后应及时插入锚杆杆体,锚杆杆体插到设计深度时,孔口应有砂浆流出,若孔口无砂浆流出,则应将杆体拔出重新灌浆。全长黏结锚杆应灌浆饱满。

(7)中空注浆锚杆。

①对中空锚杆的注浆,监理单位要有旁站记录,严禁未注浆行为。

②中空注浆锚杆施工时应保持中空通畅,并留有专门排气孔。螺母应在砂浆初凝后拧紧,并使垫板与喷射混凝土面紧密接触。

③中空注浆锚杆应有锚头、垫板、螺母、止浆塞等配件。

④注浆过程中,注浆压力应保持在 0.3MPa 左右,待排气口出浆后,方可停止灌浆。

(8)水泥砂浆药包锚杆。

①应对药包做泡水检验,药包包装纸应采用易碎纸。

②药包不应有受潮结块现象,药包宜在清水中浸泡,随用随泡。

③药包应以专用工具推入钻孔内,防止中途破裂。

④锚杆宜采用手送插入并转动锚杆,也可锤击安装,但不得损伤锚头螺纹。

⑤锚杆插到设计深度时,孔口应有砂浆流出,无流出时应补灌砂浆。

⑥砂浆的初凝不得小于 3min,终凝不得大于 30min。

⑦应使垫块与喷射混凝土紧密接触。

## 7.4 钢拱架

(1)钢拱架安装前应检查开挖断面轮廓、中线及高程。

(2)钢拱架安装应确保两侧拱脚放在牢固的基础上。安装前应将底脚处的虚渣及其他杂物彻底清除干净。脚底超挖、拱脚高程不足时,应用喷射混凝土填充。拱脚高度应低于上半断面底线 15~20cm,当拱脚处围岩承载力不够时,应向围岩方向加设钢垫板、垫梁或浇注强度不低于 C20 的混凝土,以加大拱脚接触面积。

(3)钢拱架应分节段安装,节段与节段之间应按设计要求连接。连接钢板平面应与钢架轴线垂直。

(4)相邻两榀钢架之间应用纵向钢筋连接,连接钢筋直径不应小于 18mm,连接钢筋间距不应大于1.0m。

(5)钢拱架立起后,根据中线、水平将其校正到正确位置,然后用定位筋固定,并用纵向连接筋将其和相邻钢架连接牢靠。钢架安装时应垂直于隧道中线,竖向不倾斜、平面不错位,不扭曲。上、下、左、右允许偏差±50mm,钢架倾斜度应小于2°。

(6)钢拱架在初喷混凝土后安装,应尽可能与围岩或初喷面密贴,有间隙时应采用混凝土垫块楔紧,严禁采用片石回填。

(7)钢拱架应严格按设计架设,间距应符合设计要求,拱架安装位置采用红油漆进行标注,并编写号码。

(8)下导坑开挖时,预留洞室的位置也要按设计要求进行支护,只有在施工二衬时方可拆除,以确保安全。

(9)钢拱架安装就位后,钢拱架与围岩之间的间隙应用喷射混凝土充填密实,并使钢拱架与喷射混凝土形成整体。喷射混凝土应由两侧拱脚向上对称喷射,并将钢架覆盖,临空一侧的喷射混凝土保护层厚度应不小于20mm。

(10)钢拱架应经常检查,如发现破裂、倾斜、弯扭、变形以及接头松脱填塞漏空等异状,应立即加固。

(11)钢拱架的抽换与拆除,应本着“先顶后拆”的原则进行,防止围岩松动坍塌。

## 7.5　钢筋网

(1)推荐采用模具加工钢筋网。

(2)应在初喷一层混凝土后再进行钢筋网的铺设。钢筋网宜随受喷面起伏铺设,并在锚杆安设后进行,与受喷面间隙宜控制在20~30mm之间。

(3)钢筋网应与锚杆或其他固定装置连接牢固,在喷射混凝土时不得晃动。

(4)钢筋搭接长度不得小于35倍钢筋直径,并不得小于1个网格长边尺寸。

## 7.6　超前锚杆支护

(1)测量开挖面中线、高程,画出开挖轮廓线,并点出锚杆孔位,孔位允许偏差为±20mm。

(2)钻孔台车或凿岩机就位,对正孔位钻孔,达到设计要求后,用吹管、掏勺将孔内碎渣和水排出。

(3)超前锚杆安装。

①注浆或填塞锚固药卷。将早强锚固剂药卷放在水中,泡至软而不散时取出,再人工持炮棍将药卷塞满至孔深1/3~1/2处。

②安装锚杆。用人工持铁锤将锚杆打入,以锚杆达孔底且孔口有浆液流出为止。

(4)将锚杆的尾部和系统锚杆的环向钢筋或钢架焊连,以增强共同支护作用。

(5)超前锚杆搭接长度应大于1m,锚杆插入孔内的长度不得小于设计长度。

(6)超前锚杆宜和钢架支撑配合使用,外插角宜为5°~20°。锚杆长度宜为3~5m,并应大于循环进尺的2倍。锚杆沿开挖轮廓线周边均匀布置，尾端与钢架焊接牢固，锚杆入孔长度符合要求。

(7)当超前锚杆和钢架配合使用时，宜先安装钢架，再穿过钢架腹部钻孔、安装锚杆，以利于钢架顺利安装。

超前锚杆施工工艺流程见图7-1。

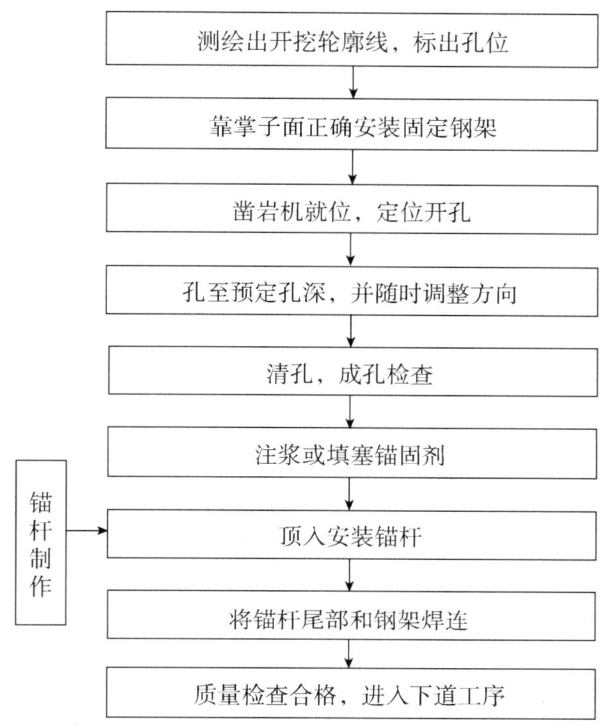


图7-1 超前锚杆施工工艺流程

## 7.7 超前小导管预注浆支护

(1)超前小导管直径应按设计要求选用和加工，长度应满足设计要求，纵向搭接长度应不小于1.0m。和钢架联合支护时，应从钢架腹部穿过，尾端与钢架焊接。超前小导管沿隧道纵向开挖轮廓线向外以10°~30°的外插角钻孔，将小导管打入地层。也可在开挖面上钻孔将小导管打入地层，小导管环向间距宜为200~500mm。

超前注浆小导管施工工序流程见图7-2。

(2)钻孔、安装小导管后，管口用麻丝和锚固剂封堵钢管与孔壁间空隙，管口安装封头和孔口阀，并能承受规定的最大注浆压力和水压。

(3)注浆前，应对开挖面及5m范围内的坑道喷射厚为50~100mm混凝土或用模筑混凝土封闭，以防止注浆作业时，发生孔口跑浆现象。

(4)注浆压力应为0.5~1.0MPa，注浆按由下至上的顺序施工，浆液先稀后浓、注浆量先大后小。

(5)结束标准：以终压控制为主，注浆量校核。当注浆压力为0.7~1.0MPa，持续15min即可终止。

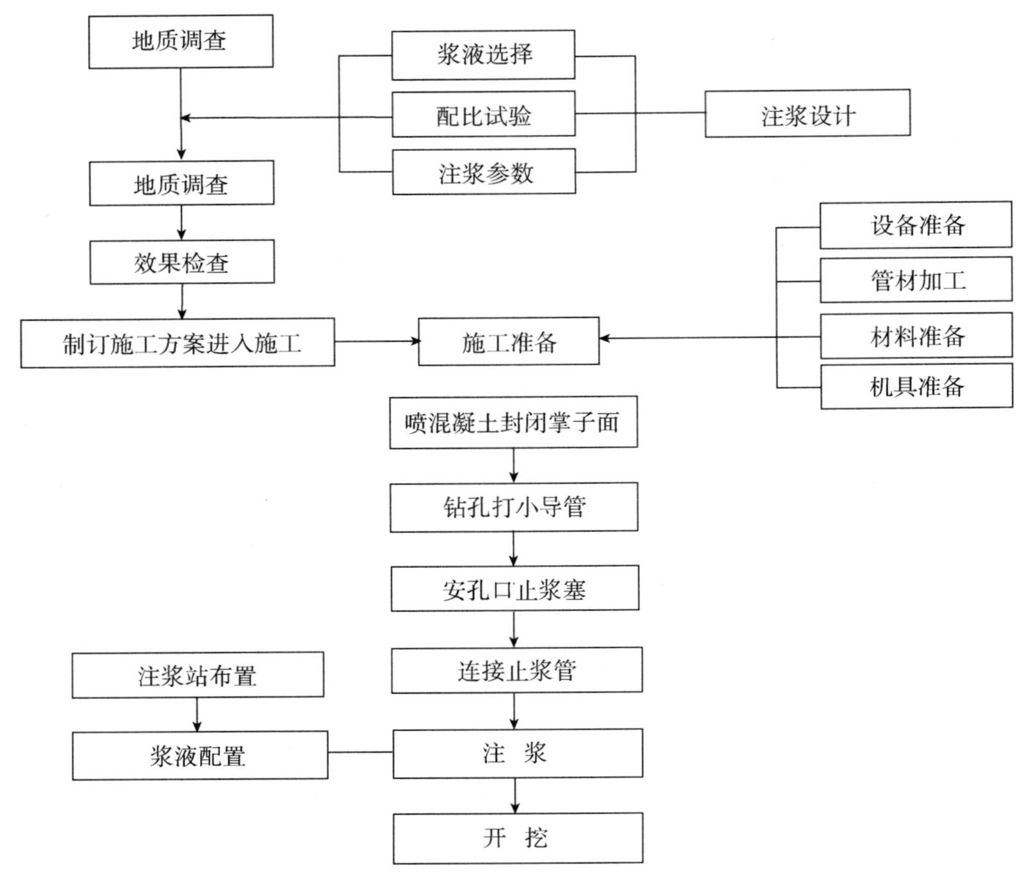


图 7-2　超前注浆小导管施工工序流程

(6)注浆后至开挖的时间间隔,应视浆液种类决定。当采用单液水泥浆时,开挖时间为注浆后 8h,采用水泥—水玻璃浆液时为 4h 左右。开挖时应保留 1.5~2.0m 的止浆墙,防止下一次注浆时孔口跑浆。

(7)对小导管注浆要有旁站记录,记录内容应包括以下内容:施作里程范围,小导管根数,长度,最大单根注浆量,最小单根注浆量,总注浆量,注浆控制压力(注浆量以使用水泥袋数或 kg 为单位)。同时对小导管、管棚的安装和注浆应要有影像资料。严禁未注浆行为。

## 7.8　超前管棚支护

(1)超前管棚支护的长度和钢管外径应满足设计要求。纵向搭接长度应不小于 3m。在钢架上沿隧道开挖轮廓线纵向钻设管棚孔,其外插角以不侵入隧道开挖轮廓线越小越好。孔深不宜小于 10m,孔径比管棚钢管直径大 20~30mm,孔顺序由高孔位向低孔位进行。

(2)管棚钢管外径宜为 70~180mm,单根长度宜为 4~6m。接长管棚钢管时,接头应采用厚壁管箍,上满丝扣,丝扣长度不应小于 150mm。接头应在隧道断面上错开。钢花管上按设计要求钻孔。

(3)管棚定位:以套拱内预埋的孔口管定向、定位,严格控制其上抬量和角度。

(4)钻孔施工采用管棚钻机,利用套管跟进的方法钻进、长管安装一次完成。为保证长管棚施工质量,在拱脚部位,选 2 个孔作为试验孔,找出地层特点,并进行注浆和砂浆充填试验。

(5)安装钢管时,先打有孔钢花管,注浆后再打无孔钢管。每钻完一孔便进一根钢管。

(6)为确保注浆质量,在钢花管安装后,管口用麻丝和锚固剂封堵钢管与孔壁间空隙,钢管自身利用孔口安装的封头将密封圈压紧,压浆管口上安装三通接头。

(7)用双液注浆泵按先下后上、先单液浆再双液浆、先稀后浓的原则注浆。注浆量由压力控制,初压0.5~1.0MPa,终压为2.0MPa。达到结束标准后,停止注浆。

(8)注浆后,扫排管内胶凝浆液,用水泥砂浆紧密充填,增强管棚的刚度强度。对于非压浆孔,直接充填即可。

## 7.9 超前预注浆

(1)超前预注浆施工应符合以下规定:

①注浆段的长度应满足设计要求,注浆管、注浆孔的布置角度及深度应符合设计要求。

②注浆管应根据设计要求选用相应规格的钢管加工或袖阀管。注浆压力应根据岩性、施工条件等因素在现场试验确定。

③注浆方式可选用前进式、后退式或全孔式,注浆顺序宜为先内圈孔、后外圈孔,先无水孔、后有水孔,从拱顶顺序向下进行。

A.当钻孔遇到较大涌水时,应暂停钻孔,待压浆后钻孔,重复钻孔、注浆,这种注浆方式称为前进式注浆。

B.当钻孔中涌水量较小时,则钻孔可直接钻到设计深度,然后从孔底向孔口分段注浆,这种注浆方式称为后退式注浆。当钻孔直到孔底,然后一次注浆完毕,这种注浆方式称为全孔式注浆。

(2)对于8~15m的浅孔,可采用钻孔台车或重型风钻钻孔。当孔深超过15m时,应采用地质钻机钻孔。

(3)注浆机具设备应性能良好,满足使用要求。

①注浆前应进行压水或压入稀浆试验,判断地层的吸浆和扩散情况,确定浆种类、浓度和注浆压力,发现与设计不符时,应立即调整。

②在涌水量大、压力高的地段钻孔时,应先设置带闸阀的孔口管。当出现大量涌水时,拔出钻具、关闭孔口管上的闸阀,做好准备后进行注浆。当掌子面围岩破碎时,应先设置止浆墙和孔口管。孔口管埋入止浆墙深度应根据最大注浆压力而定。孔口管应为无缝钢管,直径不宜小于90mm。安装注浆管时,应在注浆管孔口处用胶泥和麻丝缠绕,使之与钻孔孔壁充分挤压塞紧,实现注浆管的止浆与固定。胶泥凝固到有足够强度后方可进行注浆。

③分段注浆时,应设置止浆塞,止浆塞应能承受注浆终压的要求。

④注浆过程中应做好施工记录,施工记录应包括孔位、孔径、孔深、浆液配合比、注浆压力、注浆量、跑浆、串浆等情况的说明。发现问题应及时处理。

⑤浆液的浓度、胶凝时间应符合设计要求,不得任意变更。

(4)注浆结束条件通常按照单孔结束和全段结束来考虑。

①单孔结束条件。注浆压力达到设计终压并稳定10min,且进浆速度小于开始进浆速

度的 1/4,或注浆量不小于设计注浆量的 80%。

②全段结束条件。所有注浆孔均已符合单孔结束条件,无漏注情况。

(5)注浆后应对注浆效果进行检查,如未达到要求,应进行补孔注浆。注浆效果的检查方法通常有以下 3 种:

①分析法。分析注浆过程,查看每个孔的注浆压力、注浆量是否达到设计要求;注浆过程中漏浆、跑浆是否严重,从而以浆液注入量估算注浆扩散半径,分析是否与设计相符。

②检查孔法。用地质钻机按设计孔位和角度钻检查孔提取岩芯进行鉴定,同时测定检查孔的吸水量(即钻机漏水量),单孔时应小于 1L/(min·m);全段应小于 20L/(min·m)。

③物探无损检测法。用地质雷达、声波探测仪等物探仪器对注浆前后岩体声速、波速、振幅及衰减系数等进行无损探测来判断注浆效果。

## 7.10　地表砂浆锚杆

地表砂浆锚杆是对地层预加固的一种方法,它适用于浅埋、洞口地段和某些偏压地段。其施工工艺及施工要点参照本章 7.3 节。

## 7.11　地表注浆

地表注浆是对于隧道埋深小于 50m,围岩稳定性较差,开挖过程中可能引起塌方的不良地质地段,通过从地面向下钻孔注浆,对围岩、地层进行预先加固。其施工工艺及施工要点参照本章 7.9 节。

## 7.12　初期支护质量要求

(1)超挖部位必须采用喷射混凝土回填或用同强度等级的混凝土模筑,严禁人为预留空腔或掺填片石。

(2)外观要求:喷射混凝土均匀密实,表面平顺光亮无干斑或流滑现象。表面不平顺需补喷。施工过程可采用直尺进行平整度检查。

(3)喷射混凝土强度要求:

①同批试件组数 $n \geqslant 10$ 时,试件抗压强度平均值不低于设计值;任一组试件抗压强度不低于 0.85 倍设计值。

②同批试件组数 $n < 10$ 时,试件抗压强度平均值不低于 1.05 倍设计值;任一组试件抗压强度不低于 0.9 倍设计值。

(4)锚杆数量和抗拔力的要求:

锚杆数量不少于设计值;锚杆 28d 抗拔力平均值≥设计值,最小抗拔力≥0.9 倍设计值,抽检频率为锚杆数的 1%,且不少于 3 根。

(5)建设单位和监理单位要加强初期支护质量检查,必要时可委托具有计量认证合格证书(CMA)的专业检测单位对初期支护的混凝土强度、厚度、空洞情况、锚杆施工质量和钢拱架(钢格栅)间距进行检测。检测项目见表 7-1 和表 7-2。

**隧道锚杆质量检测结果总汇**　　表 7-1

<table>
<tr><td rowspan="6">隧道</td><td rowspan="3">序号</td><td rowspan="3">桩号及部位</td><td rowspan="3">设计长度（m）</td><td colspan="5">检测结果</td></tr>
<tr><td rowspan="2">实测长度（m）</td><td rowspan="2">注浆饱满度</td><td colspan="2">锚杆类型</td><td rowspan="2">结论</td></tr>
<tr><td>设计</td><td>实际</td></tr>
<tr><td>1</td><td></td><td></td><td></td><td></td><td></td><td></td><td></td></tr>
<tr><td>2</td><td></td><td></td><td></td><td></td><td></td><td></td><td></td></tr>
<tr><td>3</td><td></td><td></td><td></td><td></td><td></td><td></td><td></td></tr>
<tr><td></td><td colspan="3">合格率</td><td colspan="5">%</td></tr>
</table>

**隧道初期支护质量检测成果**　　表 7-2

<table>
<tr><td rowspan="2">测段</td><td rowspan="2">桩号</td><td rowspan="2">探测位置</td><td colspan="3">初支混凝土厚度（cm）</td><td colspan="3">钢支撑情况</td><td rowspan="2">背后空洞情况</td><td rowspan="2">围岩级别</td><td rowspan="2">备注</td></tr>
<tr><td>最大</td><td>最小</td><td>设计</td><td>数量（榀）</td><td>平均间距（m）</td><td>设计间距（m）</td></tr>
<tr><td>1</td><td>（每个测段里程长度不超过 10m）</td><td rowspan="3">拱顶</td><td></td><td></td><td></td><td></td><td></td><td></td><td></td><td></td><td></td></tr>
<tr><td>2</td><td></td><td></td><td></td><td></td><td></td><td></td><td></td><td></td><td></td><td></td></tr>
<tr><td>3</td><td></td><td></td><td></td><td></td><td></td><td></td><td></td><td></td><td></td><td></td></tr>
<tr><td>4</td><td></td><td rowspan="3">左拱腰</td><td></td><td></td><td></td><td></td><td></td><td></td><td></td><td></td><td></td></tr>
<tr><td>5</td><td></td><td></td><td></td><td></td><td></td><td></td><td></td><td></td><td></td><td></td></tr>
<tr><td>6</td><td></td><td></td><td></td><td></td><td></td><td></td><td></td><td></td><td></td><td></td></tr>
<tr><td>7</td><td></td><td rowspan="3">右拱腰</td><td></td><td></td><td></td><td></td><td></td><td></td><td></td><td></td><td></td></tr>
<tr><td>8</td><td></td><td></td><td></td><td></td><td></td><td></td><td></td><td></td><td></td><td></td></tr>
<tr><td>9</td><td></td><td></td><td></td><td></td><td></td><td></td><td></td><td></td><td></td><td></td></tr>
</table>

# 8　二次衬砌

## 8.1　一般规定

(1)为保证衬砌工程质量,隧道一般地段(含洞身、明洞、加宽段)的二次衬砌施工应采用全断面模板台车和泵送作业。

(2)隧道洞口段二次衬砌应及时施作,掘进超过50m时应停止开挖,进行二次衬砌施工。洞口及洞内软岩段二次衬砌尽早施工,其他段落根据监控量测结果适时施工,一般情况下二次衬砌距掌子面距离不超过200m。二次衬砌作业面距铺底作业面距离一般为30m,距矮边墙作业面距离一般为50m,以保证正常二次衬砌施工进度。

(3)二次衬砌施工前应对初期支护断面进行激光测量,对不符合要求的进行处理。

(4)洞内出现的地下水,经化验确认对衬砌结构有侵蚀性时,应按图纸要求针对不同侵蚀类型采取不同类型的抗侵蚀性混凝土。设计无要求时,应及时上报变更处理。

(5)当围岩级别有变化时,衬砌断面的级别也应相应变化,但需获得监理工程师批准。围岩较差地段的衬砌,应向围岩较好地段伸延,一般伸延长度为5m。

(6)隧道防排水设施、预埋件及预留洞室模板等的安装质量,要符合设计及规范要求。

(7)建议单位要委托有资质的专业检测单位对二次衬砌厚度、二次衬砌钢筋、保护层厚度、空洞情况进行检测。对检测不合格的项目,承包人应进行整改处理。

(8)为确保衬砌不侵入隧道建筑限界,在放样时可将设计的轮廓线适当予以扩大。

(9)对已完成的衬砌地段,应继续观察二次衬砌的稳定性,注意变形、开裂、侵入净空等现象,及时做好记录。

## 8.2　施工工序

二次衬砌施工工序流程见图8-1。

## 8.3　衬砌模板台车

(1)台车模板就位前,应仔细检查防水板、排水盲管、衬砌钢筋、预埋件等隐蔽工程,并做好记录。台车就位后应检查其中线、高程及断面尺寸等,并做好记录。

(2)台车模板定位采用五点定位法。

(3)台车模板应与混凝土有适当的搭接(10cm,曲线地段指内侧),撑开就位后检查台车各节点连接是否牢固,有无错动移位情况,模板是否翘曲或扭动,位置是否准确,保证衬砌净空。为避免在浇筑边墙混凝土时台车上浮,还应在台车顶部加设木撑或千斤顶。

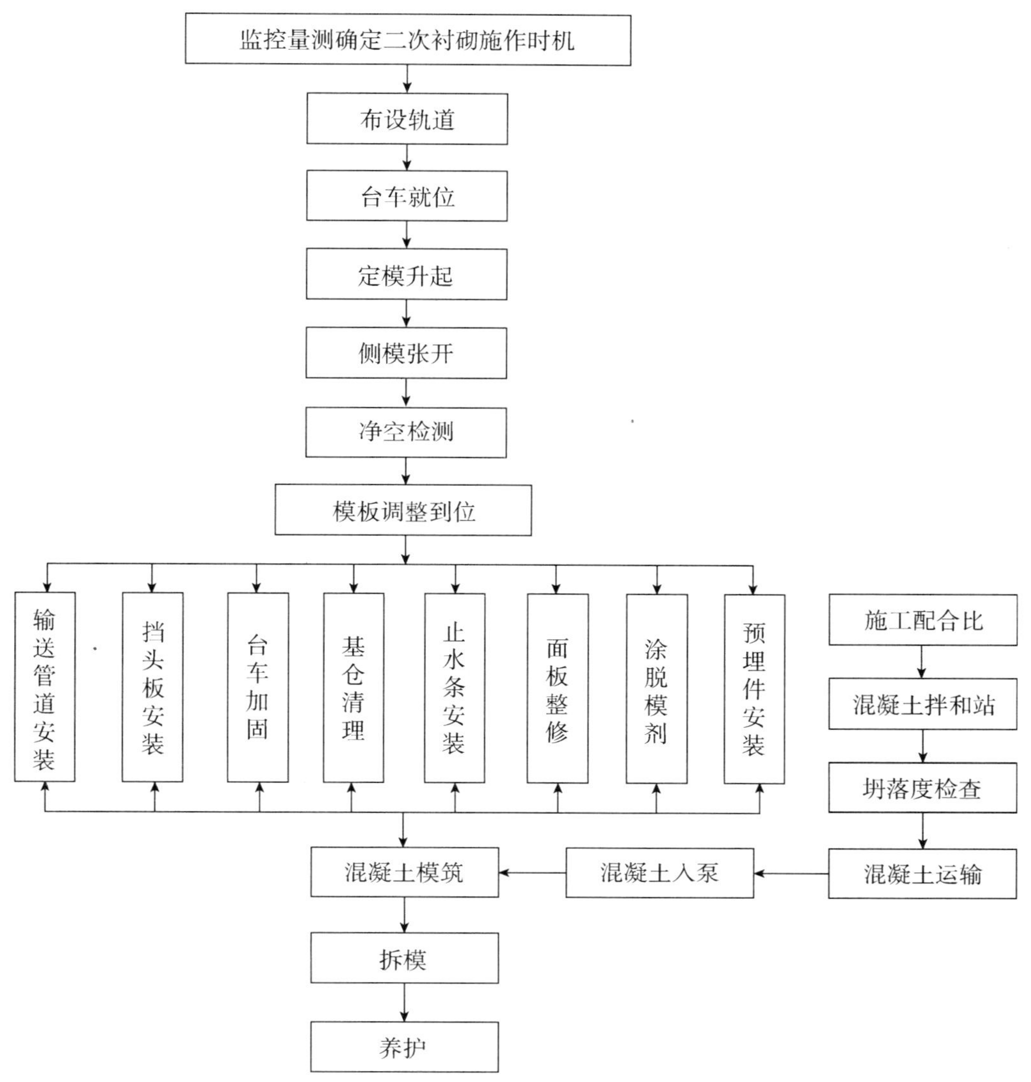


图 8-1 二次衬砌施工工序流程

(4)台车面板的钢板厚度不少于 10mm。台车端部的挡头模板应按衬砌断面制作,以保证衬砌的设计厚度,并可适当调整以适应其不规则性,其单片宽度不宜小于 300mm,厚度不小于 30mm。

(5)挡头模板结构应能保证衬砌环接缝榫接,以保证接头处质量,增强其止水功能。

(6)挡头板应定位准确、安装牢固,其与岩壁间隙应嵌堵紧密。

(7)挡头板顶部应留有观察小窗口,以观察封顶混凝土情况。

## 8.4 施工要点

### 8.4.1 钢筋安装应满足

(1)横向钢筋与纵向钢筋的每个节点均应进行绑扎或焊接。

(2)钢筋焊接搭接长度应满足设计及规范要求,受力主筋的搭接应采用焊接,焊接搭接长度及焊缝应满足规范要求。

(3)相邻主筋搭接位置应错开,错开距离不应小于1 000mm。

(4)同一受力钢筋的两个搭接距离不应小于1 500mm。

(5)箍筋连接点应在纵横向筋的交叉连接处,应进行绑扎或焊接。

(6)钢筋其他的连接方式应符合相关规范的规定。

(7)安装钢筋时,钢筋长度、间距、位置、保护层厚度应满足设计要求。钢筋制作应按设计轮廓进行大样定位。为确保二次衬砌钢筋定位准确、钢筋保护层厚度符合要求,需采取以下措施:

①先由测量人员用坐标放样在调平层及拱顶防水层上定出自制台车范围内前后两根钢筋的中心点,确定好法线方向,确保定位钢筋的垂直度及与仰拱预留钢筋连接的准确度。钢筋绑扎的垂直度采用三点吊垂球的方法确定。

②用水准仪测量调平层上定位钢筋中心点高程,推算出该里程处圆心与调平层上中心点的高差,采用自制三脚架定出圆心位置。

③圆心确定后,采用尺量的方法检验定位钢筋的尺寸是否满足设计要求,对不满足要求的,重新进行调整,全部符合要求后固定钢筋。钢筋固定采用自制台车上由钢管焊接的可调整的支撑杆控制。

④定位钢筋固定好后,根据设计钢筋间距在支撑杆上用粉笔标出环向主筋布设位置,在定位钢筋上标出纵向分布筋安装位置,然后开始绑扎此段范围内钢筋。各钢筋交叉处均应绑扎。

钢筋保护层应全部采用高强砂浆垫块来控制,不得使用塑料垫块。要求主筋纵向间距、分布筋环向间距、内外层横向间距、保护层厚度符合设计要求。

### 8.4.2　配合比设计

1)二次衬砌混凝土性能要求

(1)各种原材料及外加剂满足规范要求,满足设计强度要求。

(2)二次衬砌混凝土流动性好、坍落度衰减慢、初凝时间相对较长、终凝时间相对较短,以满足泵送混凝土施工要求,减少裂纹出现。

(3)二次衬砌混凝土干缩性小,满足抗渗性要求。

(4)二次衬砌混凝土水化热低且水化热高峰值发生在混凝土达到一定强度之后,以承受由于水化热产生的温度应力。

(5)混凝土有早强性能,特别是拱肩部位,以利于模板早拆,满足衬砌快速施工需要。

2)配合比设计要点

(1)配合比根据原材料质量及设计混凝土所要求的强度、耐久性、抗渗指标、施工和易性、凝固时间、运输灌注和环境温度条件通过试配确定,推荐采用“双掺”技术。

(2)混凝土坍落度一般控制在16~20cm,根据混凝土灌注部位不同,墙部混凝土坍落度宜小,拱部混凝土坍落度宜大。在保证混凝土可泵性的情况下,宜尽量减小混凝土的坍落度,并提高混凝土的和易性、保水性,避免混凝土泌水。

(3)配合比设计时,应采取措施以使反弧部位混凝土减少气泡、麻面等质量通病的发生。

### 8.4.3 二次衬砌混凝土施工

1)二次衬砌混凝土灌注前应重点检查的内容

(1)复查台车模板及中心高程是否符合要求,仓内尺寸是否符合要求。

(2)台车及挡头模板安装定位是否牢靠。

(3)衬砌钢筋、防水板、排水盲管、止水带等安装是否符合设计及规范要求。

(4)模板接缝是否填塞紧密。

(5)脱模剂是否涂刷均匀。

(6)基仓清理是否干净,施工缝是否处理。

(7)预埋件、预留洞室等位置是否符合要求。

(8)送泵接头是否密闭,机械运转是否正常。

(9)输送管道布置是否合理,接头是否可靠。

2)混凝土浇筑工艺

混凝土浇筑采用泵送浇筑工艺,机械振捣密实。

(1)混凝土拌制前,应测定砂石含水率并根据测试结果调整材料用量,提出施工配合比。拌制混凝土时,水泥质量偏差不得超过±1%,集料质量偏差不得超过±2%,水及外加剂质量偏差不得超过±1%。

(2)混凝土浇筑前,应将基底石渣、污物和基坑内积水排除干净,严禁向有积水的基坑内倾倒混凝土干拌和物。

(3)泵送混凝土前,应采用按设计配合比拌制的水泥浆或按集料减半配制的混凝土润滑管道。

(4)混凝土应采用混凝土搅拌运输车运输,确保在运送过程中不产生离析、撒落及混入杂物。

(5)混凝土由下至上分层、左右交替、从两侧向拱顶对称灌注。每层灌注高度、次序、方向,应根据搅拌能力、运输距离、灌注速度、洞内气温和振捣等因素确定。为防止浇筑时两侧侧压力偏差过大造成台车移位,两侧混凝土灌注面高差宜控制在50cm以内,同时应合理控制混凝土浇筑速度。

(6)浇筑混凝土应尽可能直接入仓,混凝土输送管端部应设接软管控制管口与浇筑面的垂距,混凝土不得直冲防水板板面流至浇筑位置,垂距应控制在1.2m以内,以防混凝土离析。

(7)施工过程中,输送泵应连续运转,泵送连续灌注,宜避免停歇造成"冷缝"。如因故中断,其中断时间应小于前层混凝土的初凝时间或能重塑时间。当超过允许时间时,应按施工缝处理:在初凝以前将接缝处的混凝土振实,并使缝面具有合理、均匀、稳定的坡度。凡是未振实又超过该水泥初凝时间的混凝土,应予清除。

(8)当混凝土浇至工作窗下50cm,作业窗关闭前,应将窗口附近的混凝土浆液残渣及其他杂物清理干净,涂刷脱模剂,将其关紧,防止窗口部位混凝土表面出现凹凸不平的补丁甚至漏浆现象。

(9)隧道衬砌起拱线以下的反弧部位是混凝土浇筑作业的难点部位,应对混凝土性能、坍落度及捣固方法进行有效控制,以减少反弧段气泡,有效改善衬砌混凝土表面质量。

(10)混凝土的入模温度,在冬季施工时不应低于5℃,夏季施工时不应高于32℃。混凝土应采用振动器振捣密实,并应采取确实可靠的措施确保混凝土密实。振捣时,不得使模板、钢筋、防排水设施、预埋件等移位。封顶采用顶模中心封顶器接输送管,逐渐压注混凝土封顶。当挡头板上观察孔有浆溢出,即标志封顶完成。拱部混凝土衬砌浇筑时,应在拱顶预留注浆孔,注浆孔间距应不大于3m,且每模板台车范围内的预留孔应不少于4个。拱顶注浆填充,宜在衬砌混凝土强度达到100%后进行,注入砂浆的强度等级应满足设计要求,注浆压力应控制在0.1MPa以内。每次混凝土浇筑完成后,应及时清理场地的废弃混凝土及垃圾,保持施工现场整洁。

### 8.4.4　拆模

按施工规范采用最后一盘封顶混凝土试件达到的强度来控制。不承受外荷载的拱、墙,混凝土强度应达到5MPa,或在拆模时混凝土表面和棱角不被损坏并能承受自重时拆模。当衬砌施作时间提前,拱、墙承受有围岩压力及封顶和封口的混凝土,强度应满足设计要求,一般应在混凝土强度达到设计强度70%以上。混凝土养生应配备养护喷管,在拆模前冲洗模板外表面,拆模后用高压水喷淋混凝土表面,以降低水化热。在寒冷地区,应做好衬砌的防寒保温工作。养生时间要求:洞口100m养护期不少于14d,洞身养护不少于7d,对已贯通的隧道二次衬砌养护期不少于14d。

### 8.4.5　缺陷处理

拆模后,若发现缺陷,不得擅自修补,经监理工程师批准后方可处理。

(1)气泡。采用白水泥和普通水泥按衬砌表面颜色对比试验确定的比例掺拌后,局部填补抹平。

(2)环接缝处理。采用弧度尺画线,切割机切缝,缝深约2cm,不整齐处进行局部修凿或经砂轮机打磨后,用高强度等级水泥砂浆修饰,用钢镘刀抹平,使施工缝圆顺整齐。

(3)对于表面颜色不一致的采用砂纸反复擦拭数次。

(4)预留洞室周边还应先行清理干净,然后喷水湿润,采用高强度等级、与二次衬砌颜色相统一的砂浆,抹平压光。

## 8.5　质量要点

### 8.5.1　外观质量

(1)达到“六无”要求(无错台、无漏浆、无冷缝、无气泡、无色差、无渗漏)。

(2)结构轮廓线条直顺美观,无跑模、露筋现象,混凝土颜色均匀一致。

(3)施工缝平顺,节段接缝处错台小于 10mm,表面无渗水印迹。

(4)混凝土表面密实,每延米的隧道面积中,蜂窝麻面和气泡面积不超过 0.5%,深度不超过 10mm。

(5)混凝土无因施工养护不当产生的裂缝。

### 8.5.2 二次衬砌质量检测

建设单位应委托有资质的专业检测单位对二次衬砌钢筋、仰拱进行检测。对检测不合格的项目,承包人应进行返工整改,并承担相应的检测费用。二次衬砌检测项目见表 8-1。

**隧道二衬质量检测结果** 表 8-1

| 测段 | 桩号 | 探测位置 | 二次衬砌钢筋 | | 二次衬砌混凝土厚度(cm) | | | 背后空洞情况 | 备注 |
|---|---|---|---|---|---|---|---|---|---|
| | | | 实测 | 设计 | 最大 | 最小 | 设计值 | | |
| 1 | | 拱顶 | | | | | | | |
| 2 | | | | | | | | | |
| 3 | | | | | | | | | |
| 4 | | 左拱腰 | | | | | | | |
| 5 | | | | | | | | | |
| 6 | | | | | | | | | |
| 7 | | 右拱腰 | | | | | | | |
| 8 | | | | | | | | | |
| 9 | | | | | | | | | |

# 9 仰拱与铺底

## 9.1 一般规定

(1)隧道设有仰拱时,应及时安排施工,使支护结构早闭合,改善围岩受力状况,控制围岩变形,保障施工安全。

(2)仰拱顶上的填充层及铺底应在拱墙混凝土及二次衬砌施工前完成,宜保持超前3倍以上衬砌循环作业度,以利于衬砌台车模筑混凝土施工,铺底与掌子面距离不超过60m。

(3)仰拱宜整断面一次成形,不宜左右半幅分次浇筑。铺底混凝土可半幅浇筑,但接缝应平顺,做好防水处理。

(4)仰拱开挖应严格按已审批开挖方案进行,并结合拱墙施工抓紧进行仰拱初期支护和仰拱模筑混凝土施工,实现支护结构早闭合。

(5)Ⅱ、Ⅲ级围岩地段铺底应全断面一次开挖成形,铺底混凝土应及时进行浇筑,以改善洞内交通状况和施工环境。

(6)仰拱、铺底施工时,应按图纸要求预埋路面下横向盲沟,拱脚纵、横向排水管等排水设施,并注意设置与二次衬砌贯通的变形缝。

(7)近洞口段仰拱应尽快封闭成环。

(8)仰拱、铺底施工过程中,应采取措施保证洞内临时交通畅通。可采用搭过梁或栈桥施工方案,设立临时车辆通行平台,保证不中断运输。

(9)隧道底部(包括仰拱)超挖在允许范围内,应采用与衬砌相同强度等级混凝土浇筑;超挖大于规定时,应按设计要求回填,不得用洞渣随意回填,严禁片石侵入衬砌断面(或仰拱断面)。

(10)铺底混凝土厚度和强度应满足设计和施工要求,避免在车辆反复行驶后损坏。

## 9.2 施工工序

仰拱和铺底的施工工序见图9-1、图9-2。

## 9.3 施工要点

### 9.3.1 开挖

(1)仰拱土层开挖应以人工配合机械开挖为主。

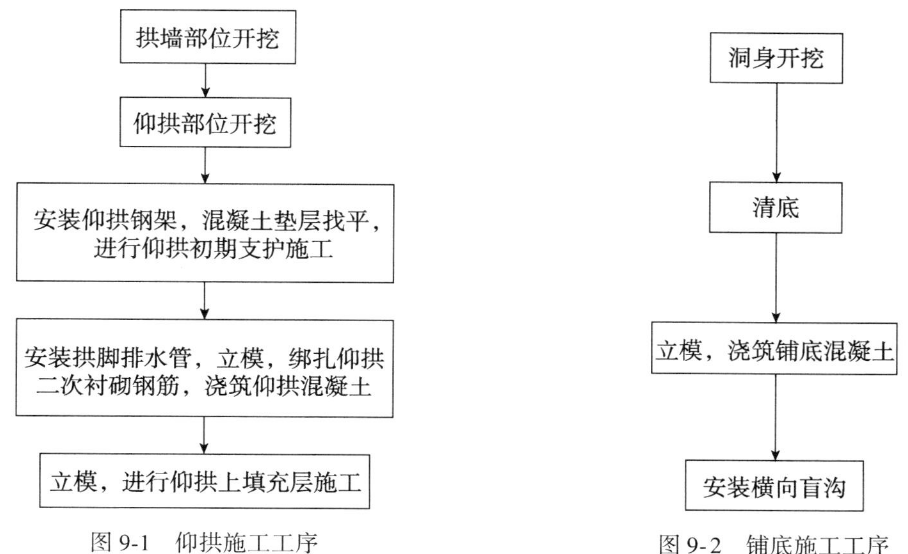

图 9-1 仰拱施工工序　　图 9-2 铺底施工工序

(2)隧道底两隅与侧墙联接处应平顺开挖,避免引起应力集中。边墙钢架底部杂物应清理干净,保证与仰拱钢架连接良好。

(3)仰拱开挖遇变形较大的膨胀性围岩时,底面与两隅应预先打入锚杆或采取其他加固措施后,再行开挖。

(4)软岩地段特别是处于洞口部位或洞内断层破碎带的隧道仰拱开挖,应严格按审批的方案进行施工,宜跳格进行开挖,应严防一次开挖范围大,造成隧道侧墙部位收敛变形过大,影响施工安全。

### 9.3.2 初期支护

(1)仰拱开挖完成后,应及时进行仰拱初期支护施工。先施作混凝土垫层,再打锚杆,安装仰拱钢架,然后安装仰拱二次衬砌钢筋与模板,一次浇筑仰拱混凝土。

(2)初期支护混凝土强度、厚度、钢架加工安装质量等应符合设计及规范要求。同时建设单位应委托有资质的专业检测单位进行检测。

(3)当仰拱底无初期支护层时,宜先施作混凝土垫层,形成良好的作业面,以利于进行仰拱钢筋安装、立模等作业。

(4)仰拱钢支撑的数量应满足设计要求,与边墙拱架的腿要进行认真焊接,确保焊接质量。

### 9.3.3 二次衬砌钢筋

(1)仰拱钢筋的制作及安装应符合设计及规范要求。仰拱两侧二次衬砌边墙部位的预埋钢筋伸出长度,应满足和二次衬砌环向钢筋焊连要求,且将接头错开,使同一截面的钢筋接头数不大于50%。

(2)仰拱二次衬砌钢筋的绑扎应保证双层钢筋的层距和每层钢筋的间距符合要求,层距的定位一般通过焊接定位钢筋来确定。

(3)仰拱二次衬砌两侧边墙部位的预埋钢筋的弯曲弧度,应与隧道断面设计的弧度相符,伸出长度应满足和二次衬砌环向钢筋焊接的要求(搭接长度应符合规范要求),同时钢筋间距应均匀并满足设计要求。

### 9.3.4 混凝土施工

(1)仰拱混凝土应超前拱墙混凝土施工,仰拱和铺底施工前应清除积水、杂物、虚渣等。

(2)仰拱、仰拱上的填充层及铺底混凝土配比应准确,施工时应使用模板,并使用机械捣固密实。仰拱混凝土可采用泵送浇筑,应使用拱架模板保证成形尺寸符合设计要求。仰拱和填充层一次立模施工时,应先按设计完成仰拱混凝土施工,适当间歇后,再改变混凝土配比,进行填充层混凝土施工。仰拱和铺底的施工缝和变形缝应按设计要求进行防水处理,应按照本指南有关规定执行。仰拱超挖在允许范围内时,应采用与衬砌相同强度等级的混凝土进行浇筑;超挖大于规定时,应按设计及规范要求进行回填,不得用洞渣随意回填,严禁片石侵入仰拱断面。

(3)仰拱填充采用片石混凝土,应满足相关规范要求。

(4)仰拱以上的混凝土或片石混凝土,应在仰拱混凝土达到设计强度的70%后施工。

# 10 附属设施工程

## 10.1 设备洞、横通道及预留洞室

(1)消防洞、设备洞、车行或人行横通道及其他各类洞室设置应满足设计要求,当原定位置地质条件不良时,承包人应会同监理、设计及建设单位根据实际情况调整。

(2)隧道边墙内的各类洞室以及消防洞、设备洞和横通道等与正洞连接地段的开挖,宜在正洞掘进至其位置时,将该处一次开挖成形。

(3)各类洞室及横通道与正洞连接地段,支护应按设计予以加强。

(4)各类洞室及横通道初期支护宜采用锚喷支护,必要时增设钢架支撑。支护应紧跟开挖。

(5)设备洞、横通道及其他各类洞室的永久性防、排水工程,应与正洞一次同时完成。各类洞室及横通道与正洞连接的折角处,防水层应根据铺设面的形状平顺铺设,不得出现空白。洞室不得设在衬砌断面变化及各种衬砌接缝处。

(6)设备洞、横通道、预留洞室等二次衬砌施工应符合下列规定:

①设备洞、横通道与正洞连接处的钢筋应互相连接可靠,绑扎牢固。该处的衬砌应与正洞一次同时完成。

②复查防排水工程的质量,防排水工程符合设计要求后,方可进行二次衬砌施工。

③衬砌中各类预埋管件、预留孔、槽及边墙内的各类洞室应按设计位置定位。宜尽早落实各种附属设施之间以及它们与排水系统之间有无冲突,如有冲突,应会同有关方面尽早解决。模板架设时应将经过防腐与防锈处理后的预埋管、件绑扎牢固,留出各类孔、槽及边墙内的各类洞室位置。灌注混凝土时应确保各类预埋管、件,预留孔、槽不产生位移。

## 10.2 水沟、电缆沟

(1)水沟、电缆槽开挖应与边墙基础开挖同时进行,不得在边墙浇筑后再爆破开挖。

(2)电缆槽壁与边墙应连接牢固,必要时可加设短钢筋。

(3)水沟可采用预制或现浇,采用预制边沟安装时应保证边沟接头紧密、不渗漏,与相邻路面接缝平整。

(4)水沟应与衬砌排水、路面排水的管路连通,保持顺畅。

(5)电缆槽盖板应平顺、整齐、无翘曲;盖板铺设应平稳,盖板两端与沟壁的缝隙应用砂浆填平,不得晃动或吊空;盖板规格应统一,可以互换。

(6)如在施作矮边墙时未一次成形电缆沟侧墙,施工电缆沟侧墙前应凿毛,并配置连接

钢筋和水平钢筋。

(7)电缆沟靠路面一侧应滞后路面施工,以免影响路面机械摊铺。

## 10.3　蓄水池

(1)蓄水池混凝土的浇筑应做到外光内实,无渗漏,并选择在地基坚固处。

(2)在混凝土达到设计强度后,应进行注水试验。

(3)设置避雷设备时,应进行接地电阻试验,其冲击接地电阻应符合设计要求。

## 10.4　预埋件

(1)通风机的机座与基础应按照设计要求施工。对于通风机底盘与基座相连的地脚螺栓,应按设计要求的风机底盘螺栓孔布置预留灌注孔眼。螺栓埋设时,灌浆应密实。螺栓应与机座面垂直。

(2)水泵基础应稳固可靠,并按照设计要求埋设水泵地脚螺栓或预留孔位。

(3)安装工程所用各种预埋件应按照设计进行防锈蚀处理。

(4)预埋钢管管口应打磨平整,管内穿 5 号铁丝,并在二次衬砌混凝土浇筑后进行检查、试通。

# 11 防水与排水

## 11.1 一般规定

(1)隧道工程防排水材料应符合国家、行业标准,满足设计要求,并有出厂合格证明,不得使用有毒、污染环境的材料。隧道防排水不得污染环境,隧道排水不得直接排入饮用水源。

(2)隧道施工防排水应遵循"防、排、截、堵相结合,因地制宜,综合治理"的原则。采取切实可行的施工措施进行施工,保证隧道结构物和运营设备的正常使用和行车安全,并对地表水、地下水妥善处理,使洞内外形成一个完整通畅的防排水系统。

(3)隧道施工防排水设施应与运营防排水工程相结合,应按设计做好防水混凝土、防水隔离层、施工缝、变形缝、诱导缝防水,盲沟、排水管(沟)排水通畅。

(4)要加强衬砌背后的防排水设施,强调结构自身防水,对可能的疑点进行封堵及引排。衬砌背后防排水设施施工应根据隧道的渗水部位和开挖情况适当选择排水设施位置,并配合衬砌进行施工;隧道侧沟、横向盲沟等排水设施也应配合衬砌等进行施工。如图纸无特殊要求,衬砌背后的流水均应排入隧道内侧排水沟。若有压浆时,注意不得将排水设施堵塞。

(5)加强成品保护工作,开挖和衬砌作业不得损坏防水层,当发现层面有损坏时应及时修补。防水层在下一阶段施工前的连接部分,应采取措施保护。

## 11.2 施工防排水

(1)隧道施工前,应根据工程地质、水文地质资料制订防排水方案。施工中应按现场施工方法、机具设备等情况,选择不妨碍施工的防排水措施。

(2)施工中应对洞内的出水部位、水量大小、涌水情况、变化规律、补给来源及水质成分等做好观测和记录,洞内出现的地下水,经化验确认对衬砌结构有侵蚀性时,应按图纸要求针对不同侵蚀类型采取相应的抗侵蚀措施。设计无要求时,应及时上报变更处理。

(3)防水层应在初期支护基本稳定时施工。软岩地段衬砌和开挖面距离较近时,应做好防水板的保护工作。硬岩地段应组织开挖、铺防水层、二次衬砌平行作业,以加快施工进度。

(4)停车带、洞室与正洞连接处的防排水工程应与正洞同时完成,其搭接处应平顺,不得有破损和折皱。

(5)施工要点。

①地表防、排水。

A.隧道洞口及辅助坑洞(井)口应及时做好排水系统,完善防排水措施。

B.隧道进洞前应做好洞顶、洞口、辅助坑道口的地面排水系统,防止地表水的下渗和冲刷。对于覆盖层较薄和渗透性强的地层,地表水应及早处理。处理地表水时应注意以下事项:

a.洞口附近和浅埋隧道洞顶不得积水。

b.黄土陷穴和岩溶孔洞等特殊地质应按设计要求处理。

c.洞顶上方如有沟谷通过且沟谷底部岩层裂缝较多,地表水渗漏对隧道施工有较大影响时,应及时用浆砌片石铺砌沟底,或用水泥砂浆勾缝、抹面。

d.洞顶附近有井、泉、池沼、水田等时,应妥善处理,不宜将水源截断、堵死。

e.洞顶已有排水沟槽应予整治,确保水流通畅,必要时应进行铺砌。

f.洞顶设有高压水池时,水池位置宜远离隧道轴线,水池应有防渗措施,对水池溢水应有疏导设施。

g.隧道地表沟谷(槽)、坑洼、钻孔、探坑等,宜采用疏导、勾补、铺砌和填平等措施,废弃的坑洞、钻孔等应填实密闭,防止地表水下渗。

C.边坡、仰坡坡顶的截水沟,应结合永久排水系统在洞口开挖前修建,其出水口应防止顺坡面漫流。洞顶截水沟应与路基边沟顺接组成排水系统,应防止水流冲刷弃渣危害农田和水利设施。洞外路堑向隧道内为下坡时,路基边沟应做成反坡,向路堑外排水。必要时还应在洞口外适当位置设横向截水沟。应做好防止洞口仰坡范围内地表水下渗和冲刷的防护措施。

②洞内顺坡排水。

洞内顺坡排水一般采用临时排水沟。临时排水沟断面应满足隧道中渗漏水和施工废水的需要,并经常清理排水设施,防止淤塞,确保水路畅通。水沟位置应远离边墙,宜距边墙基脚不小于1.5m,见图11-1。

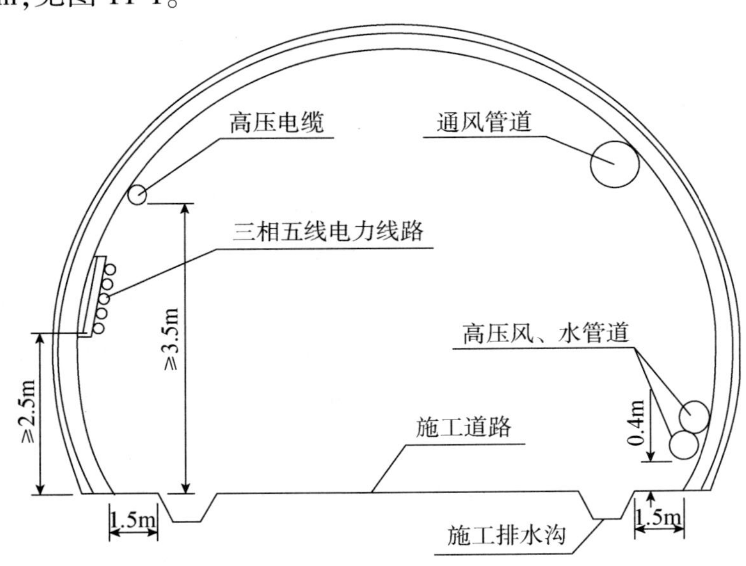


图11-1　洞内顺坡排水沟设置

在膨胀岩、土质地层、围岩松软地段等特殊或不良地质地段隧道中，排水不宜直接接触围岩，宜根据需要对排水沟进行铺砌或用管槽代替，排水沟中不得有积水。

台阶法施工时，上台阶应在下台阶开挖前架槽（管）将水引排至下台阶排水沟内。横向分幅开挖时，应挖横向排水沟将水引至未开挖一侧，严禁漫流浸泡下台阶基坑。

③洞内反坡排水。

对于反坡排水的隧道，可根据距离、坡度、水量和设备等因素布置排水管道，或一次或分段接力将水排出洞外。接力排水时应在掌子面每隔200m设置临时集水坑，通过水泵逐级抽排至洞口。

抽水机功率应大于排水所需功率的20%，并应有备用抽水机；做好停电时的应急排水准备工作；集水坑容积应按实际排水量确定，其设置的位置不得影响洞内运输和安全。

④洞内水量较大时的处理措施。

A.洞内大面积渗漏水和股水的引排。

a.可采用钻孔集中汇流引排，并将钻孔位置、数量、孔径、深度、方向和渗水量等做详细记录，在确定衬砌拱墙背后排水设施时应考虑上述因素。

b.在地下水发育的易溶性岩层中施工，为防止水囊、暗河及高压涌水的突然出现，开挖工作面上应布设超前钻孔，并制订防止涌水的安全措施。

c.明挖基坑和隧道洞口处，应保持地下水位稳定在基底开挖线0.5m以下，必要时采取降水措施。如洞内涌水或地下水位较高时，可采用井点降水法和深井降水法处理。超前钻孔排水及井点降水施工按本指南有关规定执行。

B.承压水的排放。

当预计开挖工作面前方有承压水，而且排放不会影响围岩稳定，或进行注浆前排水降压，可采用超前钻孔或辅助坑道排水。超前钻孔及辅助坑道应保持10~20m的超前距离，最短也应超前1~2倍掘进循环长度。

C.地下水的处理。

地下水不大时可引入临时排水沟内排出。地下水较丰富、无法排出或排水费用昂贵，以及不允许排水的情况下，经技术、经济比选，可采用注浆堵水措施。根据隧道埋深，或采用地面预注浆，或开挖工作面预注浆。

D.高压涌水的处理。

隧道施工中遇有高压涌水危及施工安全时，宜先采用排水的方法降低地下水的压力，然后用注浆法进行封堵。封堵涌水注浆应先在周围注浆，切断水源，然后顶水注浆，将涌水堵住。

E.其他情况下的施工防排水措施。

a.隧道施工有平行导坑或横洞时，应充分利用辅助导坑排水，降低正洞水位，使正洞水流通过辅助道坑引出洞外。必要时设置永久排水沟，使坑道封闭后能保持水流畅通。

b.隧道通过不透水和透水性强的互层时，应根据设计文件和调查资料提供的情况，在可能进入滞水带前20~30m，用深孔钻机钻孔穿入透水层，以利预探和排水。当涌水量很大，用钻孔不能满足排水需要时，应在衬砌完成地段或围岩坚硬稳定地段开挖迂回侧洞，排除滞水带内储水。泄水洞施工前,应参照设计文件提供的水文资料和涌水处理措施确定施工方法。

c.松散破碎含水地层中,洞内工作面可采用人工降水法。浅埋隧道可采用地表深井降水法减小水压,降低地下水位。当含水率大且地段超长时,可采用超前预注浆堵水。围岩注浆堵水应根据工程地质和水文地质条件,通过试验做出设计,再进行压浆。在施工过程中应修正各项注浆参数,改进工艺操作,提高堵水效果。

F.防涌(突)水(泥)安全措施。

隧道施工前应制订涌(突)水(泥)的安全措施。制订防涌(突)水的安全措施时,应在开挖面布置超前钻孔,预防水囊、暗河、高压涌水等的危害。应对工程地质和水文地质开展详细的调查分析,先判明地下水流方向,再确定钻孔位置、方向、数目和钻孔深度,并应采取以下措施:

a.非施工人员应撤出危险区。

b.应及时测算水量、水压、流速、含泥量等,备足配套的抽水设备。

c.在钻孔前预先埋管设阀,控制排水量,防止承压水冲击及淹没坑道等意外险情发生。

d.水平钻孔钻到预期的深度尚未出水时,可会同设计单位进一步进行地质和水文的勘测工作,重新判定地下水情况。

## 11.3　结构防排水

### 11.3.1　施工要求

(1)为确保隧道营运期间有良好的防水效果,所有在建高速公路隧道防水卷材不得使用全黏复合防水板,要求采用防水板+无纺土工布的防水层结构形式或者直接采用点粘片。

(2)点粘片的母材厚度(不包含无纺土工布)不低于 1.2mm;无纺土工布规格不低于 $300g/m^2$。

(3)对第一次进场的防水卷材,厂家应提供合格的型式检验证书。采用均质片或点粘片的防水板性能应符合现行《高分子防水材料》(GB 18173.1—2012)中的相关规定,无纺土工布性能应符合现行《土工合成材料短纤针刺非织造土工布》(GB/T 17638—1998)中的相关规定。

(4)防水板宜选用高分子材料,一般幅宽为 2~4m,耐刺穿性好,柔性好,耐久性好。

(5)由于隧道存在基面凹凸不平的特殊性,对隧道防水卷材的指标要求高于其他工程,各建设单位在选材时应优先选择物理性能指高程的防水卷材。应具有耐老化、耐细菌腐蚀、有足够强度及延伸率、易操作、易焊接且焊接时无毒气的特点。

(6)防水板、土工布、止水带、塑料排水盲沟、PVC 排水管等特殊材料,应由建设单位统一现场抽检,执行“盲样”送检的制度。送检的检验项目至少应包括规格尺寸、外观质量、常温拉伸强度、常温扯断伸长率、撕裂强度、低温弯折、不透水性能。

### 11.3.2　施工工序

结构防排水施工工序流程见图 11-2。

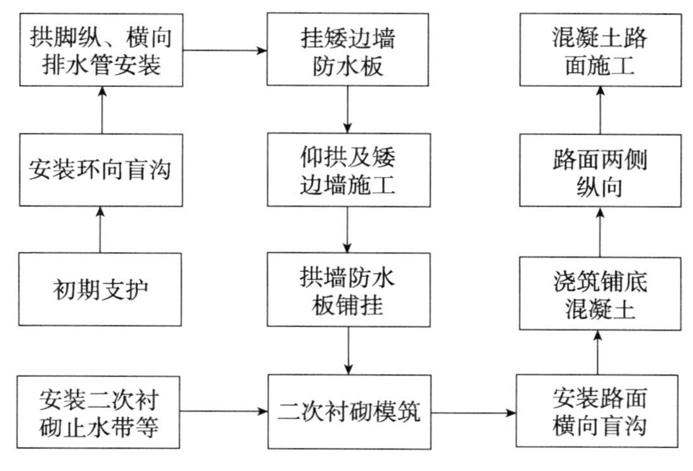

图 11-2　结构防排水施工工序

## 11.3.3　施工要点

1)衬砌背后防排水设施施工总要求

衬砌背后防排水设施主要有纵、横、环向盲管、中心排水管(沟)等,应配合衬砌进行施工。施工时既要防止因漏水而造成浆液流失,还要注意灌筑混凝土或压浆时,浆液不得浸入沟管内,确保预埋的透水盲沟不被堵塞,并注意排水孔道的连接,以形成一个有机、通畅的排水系统。衬砌背后防排水设施施工应注意:

(1)排水盲管的材质、直径、透水孔的规格、间距,应符合设计及有关标准规范的规定。

(2)环向排水盲管的间距应符合设计要求,在地下水较大的地段应适当加密。

(3)环向排水盲管应紧贴支护表面或渗水岩壁安设,排水盲管布置应圆顺,不得起伏不平。

(4)排水管系统应按设计连通形成完整的排水系统。管路连接宜采用变径三通方式,连接牢固、畅通,安装坡度符合设计要求。

(5)中心排水管(沟)直径符合设计要求。中心排水管(沟)基础的总体坡度、段落坡度、单管坡度应协调一致,并符合设计要求,不得高低起伏。

(6)中心排水管(沟)设在仰拱下时,应和仰拱、铺底同步施工。

2)衬砌背后防排水设施施工要点

(1)严格按照设计间距设置洞内环向盲沟,环向盲沟的底部要插入“三通接头”并与拱脚纵向排水管相连。

(2)拱脚纵向排水管与三通接头连接后,要用土工布进行包裹。

(3)用防水板将纵向排水管进行反包,并在防水板上剪一圆孔,将三通接头的出水口穿过该孔。要做好纵向排水管的高程控制,确保排水通畅。

(4)将横向排水管与三通接头的出水口相连,横向排水管的出水口直通隧道排水边沟。

(5)拱脚的横向排水沟要能够及时有效地将二衬背后的水排入边沟,施工过程要经常检查,以确保整个排水系统的通畅。

(6)隧道排水边沟的几何尺寸和沟底纵坡要严格按设计施工,以使洞内水顺利排出。

(7)中心排水管(沟)坡度应符合设计要求,管路埋设好后,应进行通水试验,发现积水、漏水应及时处理。

3)防水板铺设施工要点

(1)防水板的拼焊及铺挂采用热合焊接吊环铺挂工艺,其施工工序流程见图11-3。

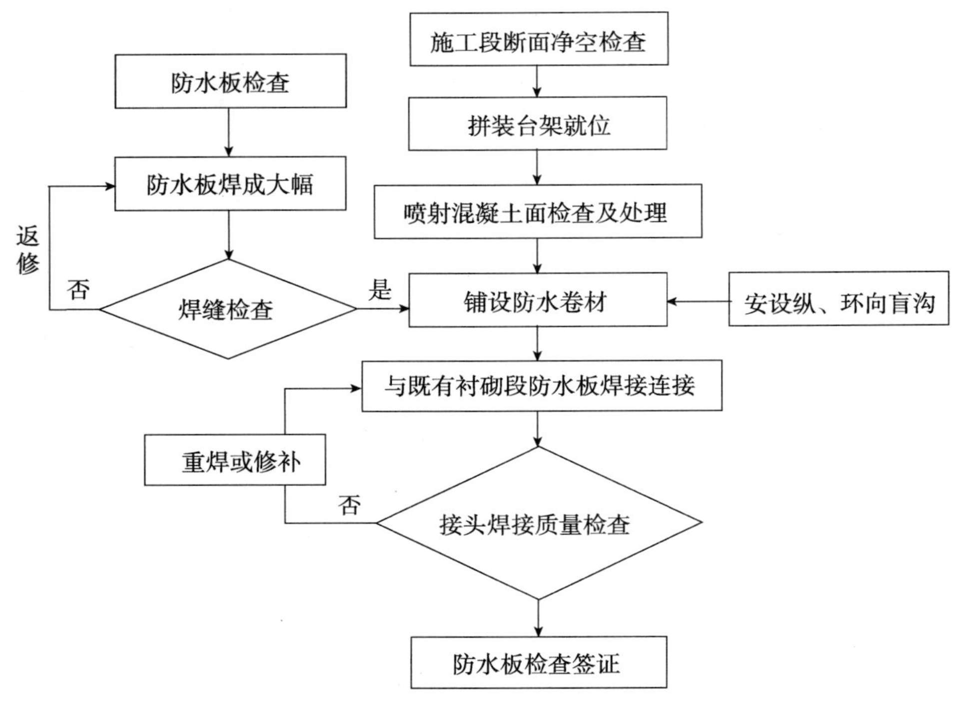


图11-3　防水板铺设施工工序流程

(2)防水板铺设应超前二次衬砌施工1~2个衬砌段,并应与开挖掌子面保持一定距离。在爆破的安全距离以外,其铺设应采用专用台架,铺设前进行精确放样,画出标准线后试铺,确定防水板每环的尺寸,并尽量减少接头。防水板应采用木螺钉或无钉铺设,并留有余量,表面应保证圆顺。

(3)基面处理。

防水板施工前,应复核中线位置和高程,检查断面尺寸,保证衬砌施工后的衬砌厚度和净空满足规范和设计要求。防水板铺挂前应进行的基面检查及处理的主要内容包括:

①初期支护表面应平整,无空鼓、裂缝、松酥。对于初支表面外露的锚杆头、钢筋网头等坚硬物,应采用电焊或氧焊将齐根切除,并用1:2水泥砂浆抹平,以防止顶破排水板。

②对局部凹凸部分,应修凿、喷补,使其表面平顺,对超挖较大的部位应挂网喷锚。

③基面明水应提前设盲管引排,对于洞顶的大面积渗水,可用防水板配合管集中引排到临时排水边沟。

④初期支护表面平整度应满足拱脚$D/L \leq 1/6$,拱顶$D/L \leq 1/8$($D$为初期支护表面相邻两凸面间的距离,$L$为该两凸之间凹进去的深度)。

(4)防水板的挂前拼焊。

在洞外据拟铺挂面积的大小,将2~3幅幅面较窄的成卷防水板下料,然后将平铺在地面上拼焊成便于运输、铺挂的大幅面防水板,减少洞内作业的焊缝数量,以提高焊接质量。

防水板拼接采用热合机双焊缝焊接，要求搭接宽度不小于100mm，控制好热合机的温度和速度，保证焊缝质量。焊缝应严密，单条焊缝的有效焊接宽度不应小于12.5mm。焊接前待焊接头板面应擦净，并应根据材质通过试验确定焊接温度和速度。焊接时应避免漏焊、虚焊、烤焦或焊穿。

沿隧道纵向一次铺挂厚度宜比本次二次衬砌施工长度多1.0m左右，以使与下一循环的防水层相接。同时可使防水层接缝与衬砌混凝土接缝错开1.0m左右，有利于防止混凝土施工缝渗漏水。

(5)铺挂防水板。

为保证防水板铺挂质量，应先进行试铺定位。

固定点间距的控制：尺量检查，固定点间距拱部0.5~0.7m、距侧墙1.0~1.2m，在凹凸处应适当增加固定点，布置均匀。

松弛率：防水板吊环间距需根据其铺挂松弛率要求来确定，环向松弛率经验值一般取10%，纵向松弛率一般取6%。根据初期支护表面平整程度适当调整，以保证灌筑混凝土时板面与喷混凝土面能密贴。

防水板洞内铺挂宜由下至上、环状铺设，将预先焊接在防水板上的吊环用木螺钉固定在膨胀管上固定。

防水板铺设应超前二衬施工1~2个衬砌段，形成铺挂段、检验段、二衬施工段，流水作业。

(6)铺后续接。

防水板的“铺后续接”是指前后两幅大幅面防水板之间的连接，应先用热合焊机焊接环向接缝。施工应将待焊的两块板面接头擦净、对齐，保证搭接长度。严格控制焊接温度、焊机行走速度，保持焊机与焊缝良好接触，做到行走平稳。热合焊机焊完，应加强检查，对个别漏焊处用电烙铁补焊；对丁字焊缝因焊接困难、易漏焊或焊缝强度不足，采取用焊胶打补丁的方法补强处理。

(7)焊缝检查。

防水板的接头处不得有气泡、折皱及空隙，接头处应牢固，焊缝强度应不低于母材，通过抽样试验检测。防水板的搭接缝焊缝质量采用“充气法”检查，当压力达到0.25MPa时停止充气，保持压力15min压力下降在10%以内，焊缝质量合格。

(8)成品防护。

当衬砌紧跟开挖时，衬砌前端的防水板要采取保护措施，防止爆破飞石砸破防水板。开挖、挂防水板、衬砌三者平行作业时，铺设防水层地段距开挖面不应小于爆破安全距离，并在施工中做好防水板铺挂成形地段防水板的保护。绑扎钢筋时，钢筋头加装保护套；焊接钢筋时在焊接作业与防水板之间增挂防护板；防水层安装后严禁在其上凿眼打孔；振捣混凝土时，振捣棒不得接触防水板。

在浇筑二次衬砌混凝土前，应检查防水层铺设质量和焊接质量，如发现有破损情况，应进行处理。

防水板需要修补时,修补防水层的补丁不得过小,补丁形状要剪成圆角,不应有长方形、三角形等的尖角。防水层修补后一般用真空检查法检查。

(9)铺设防水层安全保护和记录。

铺设防水层地段距开挖工作面不应小于爆破安全距离。二次衬砌时,不得损坏防水层。防水层应按隐蔽工程办理,二次衬砌前应检查质量,并认真填写质量检查记录。

4)施工缝的处置

(1)混凝土应连续浇筑,尽量减少施工缝,拱圈及仰拱不应留纵向施工缝。墙体若有预留孔洞时,施工缝距孔洞边缘不宜小于300mm。

(2)水平施工缝。

墙体水平施工缝不应设在剪力和弯矩最大处或铺底与边墙的交接处,宜设置在高出铺底面不小于300mm的墙体上。拱墙结合的水平施工缝,宜设置在拱墙接缝线以下150~300mm处。

水平施工缝在混凝土浇筑前,应将其表面清理干净。涂刷混凝土界面处理剂,或者,先刷不低于结构混凝土强度等级的净浆,再铺25~30mm厚的1:1水泥砂浆,及时浇筑混凝土。

(3)垂直施工缝。

垂直施工缝设置宜与变形缝相结合。垂直施工缝施工时,应将其表面浮浆和杂物清除。刷不低于结构混凝土强度等级的净浆或涂混凝土界面处理剂。及时浇筑混凝土。端头模板应支撑牢固,严防漏浆。端头应埋设表面涂有脱模剂的楔形硬木条(或塑料条),形成预留浅槽,其槽应平直,槽宽比止水条宽1~2mm,槽深为止水条厚度的1/2~1/3,将遇水膨胀止水条牢固的安装在预留浅槽内。

(4)应采取有效措施确保止水带位置准确,固定牢固。

(5)根据拱圈、边墙和仰拱等各自不同长度的施工环节,设置施工缝,允许各部位的施工缝互相错开,不必贯通。施工缝应近于水平或垂直,并用模板或其他措施,形成预定的形状,以保证与后续工程紧密地连接。施工缝一般不设键槽。

5)变形缝的处置

变形缝应满足密封防水、适应变形、施工方便、检修容易等要求,变形缝的施工应注意:

(1)沉降变形缝的最大允许沉降差值应符合设计规定。设计无规定时,不应大于30mm。当计算沉降差值大于30mm时,应采取特殊措施。

(2)沉降变形缝的宽度宜为20~30mm。伸缩变形缝的宽度宜小于此值。

(3)变形缝处的混凝土结构厚度不应小于300mm。

(4)缝底应设置与嵌缝材料无黏结力的背衬材料或遇水膨胀止水条。

(5)变形缝嵌缝施工时,缝内两侧应平整、清洁、无渗水。缝内应设置与嵌缝材料无黏结力的背衬材料,嵌缝应密实。

(6)变形缝的设置位置应使拱圈、边墙和仰拱在同一里程上贯通。

6)止水带施工

(1)止水带常设在衬砌沉降缝、施工缝或伸缩缝处。二衬止水带按设计提供的型号购买和安装，一般采用中埋式橡胶止水带，现场分段安装固定在挡头板上，其接头根据现场情况，可采用热接或冷接方法。

(2)止水带施工时应注意以下事项：

①止水带的接头不得设在结构转角处，并尽可能不设接头。

②止水带埋设位置准确，其中间空心圆环应与变形缝的中心线重合。止水带定位时，应使其在界面部位保持平展，防止止水带翻滚、扭结，如发现有扭结不展现象应及时进行调正。在固定止水带和灌筑混凝土过程中，应防止止水带偏移，以免单侧缩短，影响止水效果。可采用位钢筋认真定位。

③止水带先施工一侧混凝土时，其端头模板应支撑牢固，严防漏浆。

④隧道断面变化处或转角处的阴角应抹成半径不小于50mm的圆弧，以便止水带施工。止水带在隧道断面变化处或转角处应做成弧形，橡胶止水带的转角半径不应小于200mm，钢片止水带不应小于300mm，且转角半径应随止水带的宽度增大而相应加大。

⑤不得在止水带上穿孔打洞固定止水带。在固定止水带和灌筑混凝土过程中，应注意保护止水带不被钉子、钢筋和石子等刺破。如发现有刺破、割裂现象，应及时修补。

⑥宜加强混凝土振捣控制，排除止水带底部气泡和空隙，使止水带和混凝土紧密结合，应注意防止振捣造成止水带偏位或破损。

⑦止水带的长度应根据施工需要事先向生产厂家定制，尽量避免接头。如确应接头，应连接牢固，宜设置在距铺底面不小于300mm的边墙上。根据止水带材质和止水部位可采用不同的接头方法。橡胶止水带的接头形式应采用搭接或复合接；塑料止水带的接头形式应采用搭接或对接。止水带的搭接宽度不应小于100mm，冷粘或焊接的缝宽不应小于50mm。

(3)背贴式止水带应按设计要求安装。

# 12　安全与文明施工

## 12.1　隧道风险评估

（1）隧道应按照交通运输部《公路桥梁和隧道工程施工安全风险评估指南（试行）》要求开展隧道建设安全风险评估工作。

（2）评估范围。

①穿越高地应力区、岩溶发育区、区域地质构造、煤系地层、采空区等工程地质或水文地质条件复杂的隧道，黄土地区、水下或海底隧道工程。

②浅埋、偏压、大跨度、变化断面等结果受力复杂的隧道工程。

③长度 3 000m 及以上的隧道工程，Ⅵ、Ⅴ级围岩连续长度超过 50m 或合计长度占隧道全长的 30%及以上的隧道工程。

④单洞三车道以上的连拱隧道、单洞四车道的分离隧道和小净距隧道工程。

⑤采用新技术、新材料、新设备、新工艺的隧道工程。

⑥隧道改扩建工程。

⑦施工环境复杂、施工工艺复杂的其他隧道工程。

（3）开展桥隧工程安全风险评估的单位，应当具有公路行业设计甲级资质。承担风险评估的单位，应组织经验丰富的地下工程、隧道等领域专业人员组成评估小组。承担风险评估工作的负责人，应具有 20 年以上设计施工经验和教授级高级工程师技术职称。

（4）风险评估与管理应贯穿于隧道设计和施工全过程，包括设计阶段、招投标阶段和施工阶段，其中设计阶段分为可行性研究、初步设计、施工图阶段。各阶段风险评估与管理应根据隧道工程技术特点针对安全、环境、质量、投资、工期、第三方等风险进行，以安全风险为风险评估与管理的重点，并高度重视具有突发性和灾难性的风险。对安全风险等级评定为极高的应予以规避。

（5）隧道工程建设各方（包括建设单位、设计单位、承包人、监理单位等）应主动、及时、动态地进行风险管理，通过风险计划、风险识别、风险估计、风险评价、风险处理和风险监测，优化组合各种风险管理技术，确保风险评估全面、可靠，风险处理合理、有效，风险监测准确，反馈及时。

（6）风险评估单位提交的评估报告内容全面，数据完整，客观公正，提出的对策措施具有可操作性。应包括以下主要内容。

①编制依据：建设单位制订的风险管理方针及策略；相关的国家和行业标准、规范及规定；隧道基础资料；各阶段审查意见；上阶段评估结果。

②隧道概况。

③风险评估程序和评估方法。

④风险评估内容。

⑤风险对策措施及建议。

⑥风险评估结论。

## 12.2 隧道安全管理

隧道施工安全管理除应符合本指南《工地建设》分册的有关规定外,还应符合下列要求。

(1)隧道开工前,项目部技术人员应向施工作业人员进行技术和安全交底,详细说明隧道质量和安全的有关技术要求和重大危险源,技术和安全交底台账应签字确认。应落实工前教育制度,规范进洞管理。

(2)监理工程师应按规定认真审查承包人的质量安全保证体系,审查隧道施工组织设计中安全技术措施或者专项施工方案是否符合工程建设强制性标准并监督检查实施情况。对危险性较大分部分项工程,还应当审查承包人是否单独编制安全专项施工方案,并按规定组织专家进行论证、审查。

(3)各项目建设单位在编制工程概(预)算及招标文件时,应当将意外伤害保险和安全生产费用作为不可竞争费用,安全生产费用不得低于投标价的1%,其中用于隧道工程的安全生产费用不低于隧道投标价的2%,并在施工合同中明确约定。承包人对建设单位预付的安全生产费用应当专户存储,专款专用,不得挪作他用。

实行工程总承包的,总承包单位依法将工程分包给其他单位的,总承包单位应当与分包单位在分包合同中明确由分包单位实施的安全施工措施和分包工程安全生产费用。严禁总承包单位拖欠分包单位的安全生产费用。

监理人应认真监督检查承包人安全生产费用使用情况,监督承包人是否用于购买和更新合格的安全防护用具和设施,落实安全施工措施,改善安全生产条件。施工现场存在安全事故隐患、未落实安全生产费用的,监理工程师应立即要求其改正,承包人拒不改正的,监理工程师应当及时向建设单位、省级质监部门报告。

(4)在洞身开挖过程中,为保证洞内工作人员施工安全,软弱围岩地段应配备安置报警设施和足够长度的、可手动拆卸的逃生钢管,要求管壁厚不宜小于10mm,管径不宜小于600mm,每节管长宜为1 500~2 000mm。

(5)承包人应制订专门的应急救援预案,备好应急抢险物资,定期组织应急演练。要求每个合同段设置1处抢险物资储备点。

(6)应在隧道所有作业台架上安装防护彩灯或反光标识,确保车辆通行安全;在台架底部配置消防器材,便于应急火灾事故。

(7)爆破作业及火工物品的管理,应遵守现行《爆破安全规程》(GB 6722—2014)的有关规定。对有瓦斯溢出的隧道,应按现行《煤矿安全规程》(2015)要求,并根据隧道的地质情况、瓦斯溢出程度和设备条件,制订适宜的施工方案。

(8)运输车辆不得人料混装,洞内运输车辆应限速行驶。洞内倒车与转向,应开灯、鸣笛;洞口、平交道口和狭窄的施工场地,应设置“缓行”标志,必要时宜安排人员指挥交通。

(9)隧道施工中应密切注意围岩及地下水等的变化情况。当施工方法或支护结构不适应于实际围岩状态时,应采取应急措施,并经批准后及时采用合适的施工方法或支护结构。

(10)隧道内施工设备应靠边停放,远离爆破点;停放点应选择围岩稳定、支护结构已完成、无渗漏水的位置。

## 12.3　隧道文明施工

### 12.3.1　施工照明

(1)成洞段不超过15m设一个固定灯,电线敷设应整齐规整;近掌子面40m内若无敷线,应配备移动式照明灯具,保证洞内照明充足。

不安全因素较大的地段应加大照度。在主要交通道路、洞内抽水机站应设置安全照明,漏水地段照明应采用防水灯头和灯罩,具体布置要求见表12-1。

洞内照明线路及应急灯布置　　表12-1

| 工作地段 | 照明布置 |
|---|---|
| 开挖面后40m以内作业段落 | 两侧采用36V,500W卤钨灯各2盏 |
| 开挖面后40m~二衬作业区段 | 每隔20m,左右侧各安设400W高压钠灯1盏 |
| 模板台车衬砌作业段 | 台车前10~15m增设400W高压钠灯1盏,台车上亮度不足时增设36V、300W或500W卤钨灯 |
| 成洞地段 | 每隔6~8m安装一盏50W节能灯 |

隧道施工照明宜采用荧光灯、荧光高压汞灯、卤钨灯、长弧氙灯或高压钠灯等光源照明。

(2)成洞段每隔20m在左右两侧边墙离地面1.2m位置设置反光标识。

(3)对各种电气设备和输电线路应有专人经常进行检查维修、调整等工作,其作业要求应符合现行规范规程的要求。

### 12.3.2　通风与防尘

1)通风与防尘措施

隧道施工必须采用综合防尘措施,应做到以下几点:

(1)应采用通风、洒水等防尘措施,并按规定时间测定粉尘和有害气体的浓度。

(2)钻眼作业应采用湿式凿岩,当水源缺乏、容易冻结或岩性不适于湿式凿岩时,可采用带有捕尘设备的干式凿岩,采用防尘措施后应达到规定的粉尘浓度。

(3)凿岩机钻眼时必须先送水后送风。

(4)放炮后必须进行喷雾、洒水,出渣前应用水淋湿石渣和附近的岩壁。

(5)施工人员均应佩戴防尘口罩。

(6)长大隧道还应在压入式的出风口设置喷雾器,以增加空气湿度、降低粉尘含量。

2)隧道作业环境标准

在整个施工过程中,作业环境应符合规范以及有关的职业健康安全标准。

(1)空气中氧气含量,按体积不得小于20%。

(2)粉尘允许浓度,每立方空气中含有10%以上的游离二氧化硅的粉尘不得大于2mg,每立方空气中含有10%以下的游离二氧化硅的矿物性粉尘不得大于4mg。

(3)有害气体最高允许浓度规定如下:

①一氧化碳的最高允许浓度为30mg/$m^3$,在特殊情况下,施工人员必须进入工作面时,浓度可为100mg/$m^3$,但工作时间不得大于30min。

②二氧化碳按体积计不得大于0.5%。

③氮氧化物(换算成$NO_2$)为5mg/$m^3$以下。

④甲烷($CH_4$)(瓦斯)按体积计不得大于0.5%,否则必须按煤炭工业部门现行的《煤矿安全规程》(2015)有关规定办理。

⑤二氧化碳浓度不得超过15mg/$m^3$。

⑥硫化氢浓度不得超过10mg/$m^3$。

⑦氨的浓度不得超过30mg/$m^3$。

(4)隧道内气温不得高于28℃。

(5)隧道内噪声不得大于90dB。

3)通风方式的选择

(1)通风方式的选择与布设,应根据隧道长度、施工方法、设备条件、开挖面积以及污染物的含量与种类等情况确定。当主风流的风量不能满足隧道掘进要求时,应设置局部通风系统,并应尽量利用辅助坑道。

(2)隧道掘进150m以上,隧道施工必须实施管道通风。宜采用大功率风机、大直径风筒压入式通风,长隧道应考虑混合通风方式。单头掘进超过1 200m时,应进行专项施工通风设计,并经监理工程师审批。通风应能满足洞内各项作业所需最大风量,每人应供应新鲜空气3$m^3$/min,采用内燃机械作业时,供风量不宜小于4.5$m^3$/(min · kW)。全断面开挖时风速不应小于0.15m/s,导洞内不应小于0.25m/s,但均不应大于6m/s。

4)通风机具安装与维护

(1)隧道通风机及通风管应设置专人定期维护、修理,如有破损,必须及时修补或更换。

(2)送风式的进风管口应设在洞外,宜距洞口30m以外。

(3)通风管靠近开挖面的距离应根据开挖面大小确定,送风式通风管的送风口距开挖面不宜大于15m,排风式风管吸风口距开挖面不宜大于5m。

# 13　隧道冬季施工

根据当地气候特点,结合施工现场实际情况,制订具体的、有针对性的隧道施工防寒、保温方案和措施。

## 13.1　隧道施工防寒保温方案

### 13.1.1　混凝土集中拌和站防寒保温方案

冬季施工时,在搅拌混凝土前,经过试拌确定水和集料需要预热的最高温度。水泥、矿物掺和料、外加剂等可在使用前运入暖棚进行预热,但不得直接加热。混凝土搅拌时间宜较常温施工延长50%左右。具体方案如下:

1)集料保温

集料堆放场地先进行平整,砌筑保温浆砌石挡墙,再铺设PE地暖管道,浇筑混凝土找平层,购置锅炉烧水连通地暖管道,经过地暖热气散发,从底下对集料进行保温。加热措施详见图13-1。

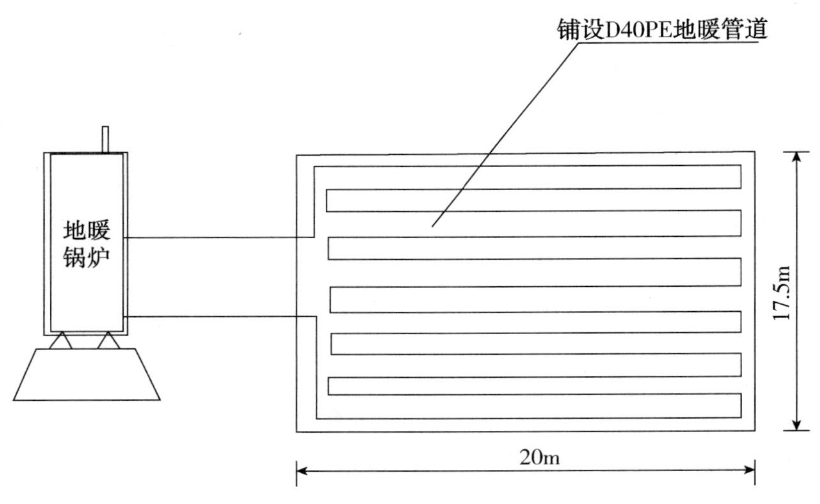


图13-1　料场地暖供热管道示意图

搭建砂石料保温棚,搭设钢管架,帆布棉帘封闭。在保温棚内四角设置4个火炉对砂石料加热保温,通过调节棚内气温预热棚内骨料,确保混凝土施工质量。加热措施详见图13-2。砂石料在保温棚内温度经过火炉加热取暖后,如仍达不到要求,可以采用增加火炉的办法,提高保温棚内温度。

2)水泥的保温

水泥储藏罐外包棉被保温,视情况加裹电热毯。

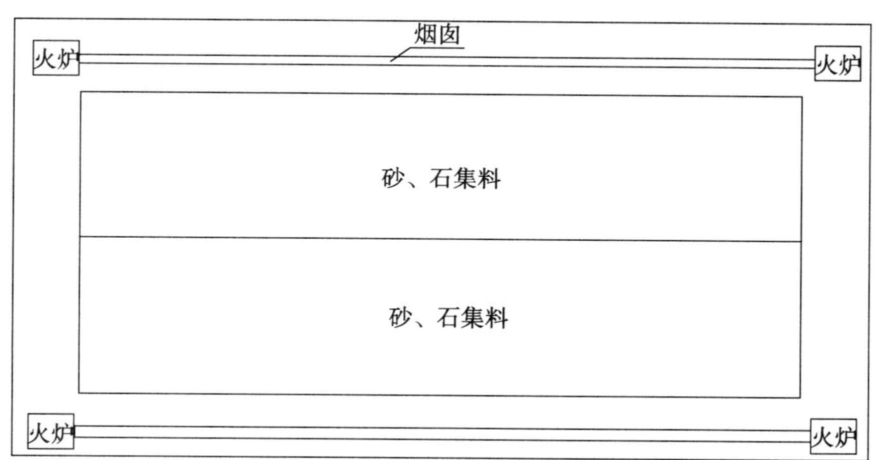


图 13-2 保温棚火炉平面示意图

3)水的加热

拌和用水,采用 5t 锅炉加热。保证水温在 45℃~55℃之间,水温过高时,加凉水降温,确保满足混凝土拌制的需要。

4)外加剂保温

外加剂在主机下面,搭建保温板房封闭,设置保温门或保温门帘,里面设置火炉,确保温度达到施工要求。

### 13.1.2 洞内及洞口防寒保温方案

为保证洞内温度施工需要,防止洞口出现结冰现象,确保冬季施工安全,在进出两个洞口处,设置保温门帘进行封闭。内设火炉,火炉排烟管道连接到洞内火炉排烟管道上,确保集中排放。

洞内保温主要采用火炉加热的方法,在洞内每 50m 设置一个火炉,派专人进行看管。火炉及排烟管路平面设置见图 13-3。

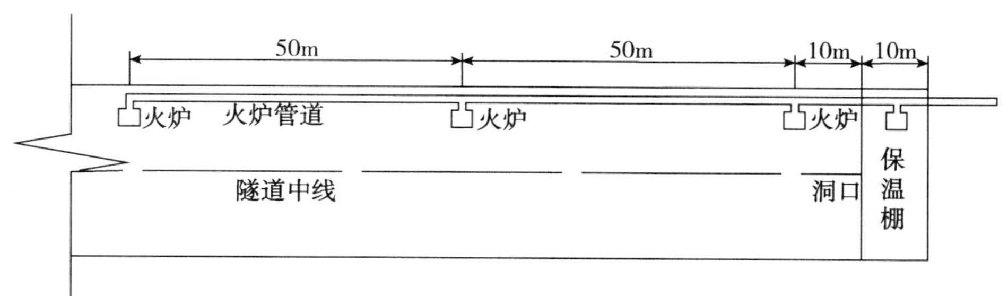


图 13-3 火炉及排烟管路平面设置示意图

### 13.1.3 洞外供水、排水管路防寒保温方案

为了防止冬季供水管道冻坏,影响洞内供水,洞外供水管线一律选用珍珠岩保温棉包裹,并用草绳缠绕,最后涂刷沥青保温,确保冬季施工要求。设置高位水箱,高位水箱表面覆盖保温材料。

洞外排水管线同样选用珍珠岩保温绵包裹，并用草绳缠绕，最后涂刷沥青保温，确保冬季施工要求。为进一步防止洞外排水管路冻结，可根据实际情况，进行电热毯加温的防冻措施。洞外排水管路经保温包裹后应露出地面，便于及时对排水管路进行检查和清理，且安装至排水河道。

### 13.1.4　钢材加工防寒保温方案

在负温条件下，钢筋及型钢的力学性能发生变化，屈服点和抗拉强度增加，伸长率和抗冲击韧性降低，脆性增加，加工性能下降。为确保工程质量，钢筋及型钢加工防寒保温采取以下方案：

(1)搭建钢材加工棚，设置保温门或保温门帘，棚内设火炉。

(2)钢筋及型钢存放于加工棚内并进行覆盖，加工在棚内进行。

(3)钢筋及型钢正式焊接前，先进行试焊，经检验合格后，再进行成批焊接。焊接后的钢筋及型钢要垫高放置，使焊缝和热影响区缓慢冷却，焊接完毕后的钢筋及型钢待完全冷却后才能搬运往室外。

### 13.1.5　空压机防寒保温方案

为确保空压机在冬季正常工作，搭建空压机保温棚，设置保温门或保温门帘，保温棚内设火炉取暖保温，防止不工作时循环水结冰，确保空压机冬季正常运转。同时要做好防火、防煤气中毒措施，棚内必须安设通风口，保证通风良好，并安排专人进行看管火炉，防止意外事故的发生。

### 13.1.6　施工机械防寒保温方案

搭建施工机械停放暖棚或在不影响施工的情况下，存放施工机械于洞内，机械设备使用的防冻液确保符合当地防冻要求，且施工机械均采用高标号燃油和高质量的液压油。

### 13.1.7　生活区防寒保温方案

为确保冬季正常施工，坚持以人为本的原则，制订生活区冬季防寒保温方案：生活区各房间内安装暖气、电热毯，灶房、库房配备暖气，临建房屋外加保温板以及保温门或保温门帘，确保冬季生活区供暖。

### 13.1.8　施工人员进出洞防寒保温方案

隧道冬季施工时，洞内温度相对较高，隧道内雾气较大，而洞外温度低，洞内外温差大，施工人员从隧道内到生活区(1 500m)进行换衣物容易引起感冒、发烧等病症，为防止上述病情的发生，确保施工人员身体健康，坚持以人为本的原则，在洞口门卫室旁边搭建换衣间，换衣间内设置火炉取暖保温。

### 13.1.9　混凝土施工防寒保温方案

(1)混凝土采用罐车运输，多装快运，少停留，少倒运，罐车进出洞口时，安排专人开启保温门帘，尽量减少门帘开启时间，避免冷空气进入洞内。

(2)混凝土浇筑前，在洞内采用无烟煤火炉生火使环境升温，任何情况下，混凝土的浇筑温度均达到施工需要。

(3)混凝土开始养护时，为了加快施工进度，缩短混凝土拆模时间，混凝土采用外部热源加热养护，拟采用油汀电暖器、电热风机进行加温保温。养护制度应通过试验确定，并符合相关规范规定。

(4)加强温度监测，对施工环境温度、原材料温度、混凝土拌和料温度、混凝土入模温度、混凝土养护温度等进行监测，针对温度变化情况，适时调整防寒保温措施。

## 13.2 隧道冬季施工保证措施

### 13.2.1 质量保证措施

(1)落实施工过程各环节的防寒保温方案，严格温度监测制度，认真落实质量责任制。

(2)准备充足的防寒保温物资设备，供暖用设备要充足。

(3)加强施工设备的维护保养，确保施工各环节顺利进行。施工前对搅拌设备、运输罐车、混凝土泵及管道用热水或蒸汽进行预热，施工完毕后，进行认真清洗并将余水排放干净。

(4)经常检查暖棚的密封情况，检查供暖设备的完好情况，检查施工设备的防寒保温情况，发现问题及时处理。

(5)严格控制混凝土水胶比，掺入减水剂、引气剂等外加剂，加强振捣，提高混凝土结构的致密性。

(6)加强混凝土养护工作，保证混凝土养护环境足够的湿度，保持混凝土表面湿润，防止混凝土失水过快引起混凝土表面裂纹。控制养护过程中混凝土结构内外温差(小于20℃)，防止水分转移造成混凝土结构疏散。采取控制外加剂的掺量、外加剂充分溶解后与混凝土料搅拌均匀、加强混凝土养护等措施，防止外加剂渗透到混凝土表面形成泛霜。

### 13.2.2 安全保证措施

(1)对参加冬季施工的全体员工进行冬季施工安全知识培训，做好安全技术交底。施工期间，坚持定期安全学习，工前安全讲话，工中安全巡视，工后安全总结和教育。

(2)制订详细的冬季施工安全制度，明确各岗位安全职责，并配齐冬季施工安全防护用品以及防寒、防冻、防滑等劳动保护用品。

(3)做好排水系统的规划和建设，防止施工废水和生活废水漫流结冰，形成安全隐患。

(4)停止施工时，管道内的余水全部放干，机械设备要使用与当地气温相适应的防冻液。

(5)霜雪天后，及时清除施工场地和道路上的冰雪，上下人员的楼梯、工作平台等人员活动多的部位要保持干燥，设置必要的防滑设施，防止溜滑发生安全事故。

(6)冰雪天行车，轮胎要设置防滑链；驾驶人在出车前检查确认车辆的制动装置是否达到良好状态,不满足要求时不得出车;遇有大风、大雪大雾不良气候时停止运行。

(7)冬季车辆启动发动机前,严禁用明火对既有燃油系统进行预热,以防止发生火灾。

(8)安排专人负责热源、火源的管理,供暖设备使用中不得离人,使用完毕后做到人走火灭,暖棚内、工棚内禁止用明火取暖。火灾危险地区、人员聚集地区,配备足够数量的消防灭火器材。

(9)加强各种压力容器的管理,压力计等仪器仪表工作状态良好,禁止对乙炔瓶、氧气等压力容器加热,并应远离热源,严防爆炸事故发生。

(10)加强用电管理,供用电系统由专业人员安装和管理,禁止非专业人员随意拆改。经常检查维护供电线路和电力设备,根据最大用电量检查供电线路和设备是否有足够的容量,用电设备要采取防漏电措施,防止触电事故的发生。

# 14 施工质量通病及防治措施

由于隧道施工的特殊性和复杂性，其质量也相对较难保证。只有充分认识隧道工程质量通病的危害性、产生原因并加以防止，才能有效提高隧道工程施工质量。为提高隧道工程的施工质量，减少其质量通病的发生，应做到提前谋划，分析产生原因，以便采取相应的技术措施，及时纠正，做到防患于未然。

## 14.1 施工质量通病类型

### 14.1.1 超前地质预报和量测施工质量通病

超前地质预报和量测不及时、不准确，里程不连续，不能为施工安全提供可靠的依据。

### 14.1.2 洞门施工质量通病

(1)洞门坍塌。

(2)洞门表观质量差。

### 14.1.3 开挖施工质量通病

(1)光爆效果差，超欠挖严重。

(2)断层、破碎带开挖局部坍塌。

### 14.1.4 初期支护施工质量通病

(1)喷射混凝土厚度不足，强度达不到设计要求，喷射回弹量大。

(2)锚杆数量、长度不够，类型不符合设计要求，锚杆方向不垂直、锚杆垫板安装不正确，拉拔力不足。

(3)拱架加工几何尺寸不规范，钢架连接板焊接不牢，架立间距较大。

### 14.1.5 二次衬砌施工质量通病

(1)衬砌背后回填不密实，存在空洞。

(2)衬砌错台明显、漏浆、流沙严重，混凝土表面蜂窝麻面现象明显，外观质量差。

(3)衬砌的厚度不满足设计要求。

(4)衬砌渗漏水。

(5)衬砌混凝土开裂。

(6)隧道边墙施工缝接触面处混凝土不密实。

(7)水沟电缆槽外观质量差。

(8)排水沟排水不畅。

## 14.2　施工质量通病成因

### 14.2.1　超前地质预报和量测施工质量通病原因分析

(1)部分施工人员对超前地质预报和监控量测认识不清,重视不够。

(2)没有专人负责,相关测量仪器和设备配备不齐。

(3)操作人员的相关业务能力不够。

### 14.2.2　洞门施工质量通病原因分析

1)洞门坍塌病因分析

(1)地表水渗透或雨水冲刷使隧道洞门边、仰坡失稳,造成洞口坍塌。

(2)洞门边、仰坡开挖采用大爆破作业方式,对隧道洞口围岩产生扰动,造成隧道洞口坍塌。

(3)洞口围岩松散软弱,自稳性能差,进洞施工方案不妥。

(4)洞口边仰坡开挖后防护不及时。

2)洞门表观质量病因分析

(1)洞门立模不稳,不平顺,混凝土灌注质量差。

(2)修补工艺欠佳。

### 14.2.3　开挖施工质量通病原因分析

1)光爆效果差原因分析

(1)爆破参数选择不当,没有根据围岩情况的变化及时调整爆破参数。

(2)周边眼位置不准确,外插角偏大或不一致。

(3)爆破工责任心不强,未按照钻爆设计的装药结构、装药量和雷管的段数进行装药。

(4)地质条件限制,排除危岩造成超欠挖,或自然垮塌造成超挖。

(5)技术人员测量开挖轮廓尺寸不够准确。

2)隧道塌方原因分析

(1)未进行超前地质预报,对断层破碎带未做预处理;

(2)未及时改变开挖及支护方法,修改支护参数,盲目追求进度。

### 14.2.4　初期支护施工质量通病原因分析

1)喷射混凝土质量病因分析

(1)现场管理人员质量意识不强。

(2)水泥、砂、石和外加剂等原材料进场控制不严,拌和站未严格按照施工配合比拌料。

(3)冬季施工保温措施不到位。

(4)欠挖没有按要求处理。
(5)喷射混凝土时在岩壁没有厚度标尺。
(6)喷射工技术不熟练。
2)锚杆施工质量病因分析
(1)现场管理人员质量意识不强或对设计图纸不清楚。
(2)注浆(或锚固剂)不饱满,孔内空气未排尽或压力不够。
(3)锚杆钻孔深度不够,钻孔角度不正确。
(4)喷射混凝土面不平顺,锚杆长度不够。
3)拱架施工质量病因分析
(1)现场管理人员质量意识较差。
(2)电焊工技术较差,责任心不强。
(3)型钢拱架的弯曲设备对两端的弧度控制有偏差。
(4)钢拱架安装不准确。
(5)钢拱架变形严重。
(6)围岩超挖、欠挖严重。

### 14.2.5 二次衬砌施工质量通病原因分析

1)二衬背后空洞病因分析
(1)工序安排不合理,对超挖未按施工规范进行回填,且回填不密实。
(2)衬砌时拱顶灌注混凝土不饱满,振捣不够。
(3)泵送混凝土在输送管远端由于压力损失,坡度等原因造成空洞。
2)二衬表观质量病因分析
(1)衬砌台车刚度不够,台车支撑不到位,模板整修不到位。
(2)台车模板块前后断面尺寸制造误差,模板拼装不严密,板块间拼缝处有错台。
(3)台车与混凝土搭接部结合不紧密。
(4)混凝土拌和不均匀,水胶比不合理,泌水严重。
(5)两侧未进行对称浇筑。
(6)浇筑速度过快,台车上浮。
(7)振捣不均匀有漏振、过振等现象。
(8)模板表面处理不光滑,模板涂油太多,拆模后形成鱼鳞云。
(9)局部模板未清理干净涂油,脱模剂选择不合适,拆模后形成“扒皮”掉块现象。
3)二衬厚度不够病因分析
(1)承包人质量意识不严,过程监控不到位。
(2)开挖断面偏小或预留沉降量不足,为满足净空减少支护和衬砌的厚度。
(3)对欠挖的部分没有进行处理。
4)二衬渗漏水病因分析
(1)衬砌混凝土开裂。

(2)防水、排水、引水设施不完善。

(3)环向施工缝、变形缝处理存在质量缺陷,止水条、止水带安设不规范。

(4)防水板破损、穿孔,焊缝不严密。

(5)衬砌捣固不密实,存在孔洞或蜂窝。

(6)防水材料不合格。

(7)泄水孔数量不够或排水不通。

5)二衬开裂病因分析

(1)温差和混凝土的干缩。

(2)碱骨料化学反应。

(3)边墙基础下沉。

(4)洞身偏压。

(5)仰拱和边墙结合部位因应力集中而开裂。

(6)拱部混凝土灌注困难或灌注中断而引起的开裂。

(7)拆模时间太早,衬砌强度不足以支撑自身自重而开裂。

6)隧道边墙施工缝接触面处病因分析

(1)挡头板没有按设计加工成整块模板,缝隙大,支撑不牢。

(2)捣固不密实,漏浆,跑模变形,施工缝不顺直。

7)水沟电缆槽外观质量病因分析

(1)立模不细致,模板支撑不牢固,造成跑模现象,顶面抹平控制不好,沟槽外沿没有按照线路中线控制。

(2)盖板预制、安装质量差。

(3)其他工序施工,多次掀起、搬动和碰撞而破损。

8)排水沟排水不畅病因分析

(1)沟底纵坡设置不规范,存在偏差,控制不准,沟底呈“波浪”状。

(2)沟底纵坡坡度较小。

(3)沟内有杂物,流路被堵塞。

(4)沟底不平顺。

## 14.3　施工质量通病防治措施

### 14.3.1　超前地质预报和量测施工质量通病防治措施

(1)对超前地质预测预报和监控量测在隧道施工安全中的指导作用要有充分认识和足够重视。

(2)必须由专人负责超前地质预测预报施工,相关仪器设备配备齐全。

(3)对操作人员进行超前地质预测预报知识培训,提高操作人员的业务水平。

(4)超前地质预测预报按设计要求施工里程要连续,并且确保足够的搭接长度。

(5)对初支变形量较大的断面应及时报告有关领导及部门,尽快采取有效的加固措施。

### 14.3.2 洞门施工质量通病防治措施

1)洞门坍塌防治措施

(1)洞口工程施工前,应做好洞口范围内地表防排水工作,填平洼地和积水坑,防止地面水渗透。

(2)及时施作洞口工程系统截水沟、排水沟,尽可能与洞口路基排水系统形成整体。

(3)隧道边、仰坡土石方开挖作业尽可能采用非爆破或弱爆破方法自上而下分部进行,减少对洞口围岩的扰动;开挖后对边、仰坡及时进行防护。

(4)隧道门端墙处土石方开挖施工完成后及时施作洞门端墙及挡护工程。

(5)洞门施作尽量避开雨季进行,尽早施作洞门和洞口段衬砌,保证洞门边坡稳定。

(6)施工期间,保持对边仰坡及洞顶山坡体进行监测和观察,及时掌握洞口的安全状况,以便迅速采取有效的安全对策。

2)洞门表观质量防治措施

加强洞门立模的精度和稳定性,灌注时应严格控制速度,尽量一次施工成型,避免修补。确要修补的,修补工艺要认真、细致,增强洞门的观赏性。

### 14.3.3 开挖施工质量通病防治措施

1)光爆效果差防治措施

(1)根据围岩情况进行合理爆破设计,并根据围岩变化适时调整,控制进尺爆破参数及时调整。

(2)准确画出开挖轮廓线及周边眼孔位置,炮眼应平直、平行,炮眼间距严格按照钻爆设计要求布置。

(3)严格控制周边眼装药量,采用小药量间隔装药,采用光爆炸药与导爆索配合使用,导火索引爆。

(4)严格控制周边眼的起爆时差,力求使其同时起爆。

(5)软弱围岩边墙宜采用预裂爆破,拱部宜采用光面爆破,并预留沉落量。

(6)加强爆破工的责任心,提高业务水平,施工中严格按照钻爆设计的装药结构、装药量和雷管段数进行装药。

(7)测工应每循环对开挖断面进行准确测量,测量实行双检制,每开挖 10m,对中线、高程和轮廓线进行一次复查。

(8)控制超欠挖,欠挖应凿除,超挖部分在允许范围内,应按照同级混凝土回填,超出允许范围,应根据相关规范做出方案报批后实施回填作业。

2)隧道塌方防治措施

(1)加强超前地质预报,及时分析塌方地段地质的特征。

(2)根据地质特征,及时调整开挖方法、开挖进度、支护方法、爆破参数。

(3)增加管棚、超前小导管或超前锚杆等超前预支护措施,防止坍塌。

### 14.3.4　初期支护施工质量通病防治措施

1)喷射混凝土通病防治措施

(1)加强现场管理,喷射混凝土时应全过程旁站。

(2)试验室应对进场的原材料各项指标满足规范要求后方可使用。

(3)拌和站严格按照试验室下发的施工配合比施工,并做好冬季施工措施。

(4)认真做好喷射混凝土的养护工作。

(5)加强开挖净空检查,严格按照设计和规范预留沉降量。对欠挖及时处理,满足设计和规范要求后方可进行喷射混凝土作业。

(6)隧道环向每2m布设一个厚度标尺,不得让欠挖。喷射前把岩面虚土清除干净,在拱脚不得有虚渣。

(7)加强对喷射工的培训和指导。喷射混凝土时喷嘴宜与喷射面垂直,其间距宜为0.7~1.5m,喷嘴应连续、缓慢作横向环形移动;喷射过程中自下而上,分层喷射,每层厚度为5~8cm为宜,最厚每层不超过15cm,如喷射过程中发现混凝土凝固较慢出现滑落现象,应及时调整速凝剂的掺量和坍落度以达到最佳效果。

2)锚杆施工质量通病防治措施

(1)加强施工过程监督,熟悉设计图纸,掌握隧道每个部位锚杆类型和数量,确保锚杆数量、长度和类型满足设计要求。

(2)严格钻孔深度和孔径检查,保证钻孔满足设计要求。

(3)钻孔时将风枪角度调整精确,并稳定固定于台车上,钻孔时尽量减少风枪振动。

(4)钻孔方向与孔口岩面垂直,垫板面应与喷射面紧贴,可在喷射面人工清理出局部平面与钻孔方向垂直。

(5)调整注浆(锚固)工艺,保证排气畅通,适当加大注浆压力。

(6)锚杆长度符合设计要求,锚杆施工一定要施作锚垫板。

3)拱架施工质量通病防治措施

(1)采用隧道激光断面仪测量断面净空,处理超欠挖。

(2)型钢拱架的每节弯曲时,两端60cm范围内的弧度要严格控制,确保整个拱架几何尺寸。

(3)提高电焊工的业务水平和责任心,确保连接板和拱架之间的焊接质量。

(4)加强现场管理人员的质量意识,安装钢架时测量精确定位,并在工中和工后严格检查架设质量,拱架架立间距偏差控制在±50mm。

(5)确保钢架基础平整牢固,钢架安装后尽快焊接连接筋、规范到位安装锁脚锚杆、喷混凝土形成整体受力体系。

### 14.3.5　二次衬砌施工质量通病防治措施

1)二衬砌背后空洞防治措施

(1)加强质量意识,加大过程控制,责任到人,监控到位。

(2)从源头做起,尽可能控制好开挖质量,控制超挖,若出现超挖时,拱脚以上1m范围内的超挖,必须用与拱圈同等级混凝土一次填筑。其余部分,超挖在允许范围内可用与衬砌同样材料回填,超挖大于规定时可用片石混凝土或浆砌片石回填。

(3)衬砌灌注混凝土施工时,拱顶设置溢浆管,检查拱顶混凝土灌注的饱满度,并在拱顶设注浆孔进行注浆,充填空洞。

(4)衬砌表观适当增加拱部混凝土灌注口,保证混凝土灌注饱满、密实。

2)二衬表观质量通病防治措施

(1)检查台车、模板的加工制作质量,保证其有足够的精度、强度、刚度和稳定性。

(2)分节对模板安装质量进行检查,中线控制准确,使台车中线与隧道中线在同一个平面,表面平整度和接头缝隙达不到规范要求不准进行浇注混凝土作业。

(3)模板处理要光滑平整,不粘连细小的杂物,模板拼装应严密,接缝处填塞紧密。

(4)选择正确的适合所使用的混凝土的脱模剂,脱模剂涂抹应均匀,不漏刷。

(5)在台车就位前,将与台车搭接部分的混凝土表面彻底清理干净,使台车与混凝土表面尽量紧贴,保持台车与混凝土的搭接长度为10cm(曲线地段指内侧)。

(6)加强台车支撑,将所有的支撑全部支撑到位,保证台车整体受力,必要时可在台车端部增加丝杠支撑。

(7)在台车前端端部拱顶增设支撑,以防台车上浮造成拱部错台;严控台车底部以上3m灌注混凝土速度(一般控制在约4h)和坍落度(一般在18~20cm)。

(8)对模板板块拼缝进行焊连并将焊缝打磨平整,形成三块大模板(即拱部1块,左右边墙各1块),以抑制使用过程中模板翘曲变形而影响混凝土表面质量,以克服板块间拼缝处错台。

(9)对称浇筑混凝土,避免偏压造成衬砌台车移位;控制浇筑速度,防止台车上浮和减少混凝土表面的气泡,必要时采取防止台车上浮措施。

(10)振捣必须按操作规程分层均匀振捣密实,严防漏捣,振捣手在振捣时掌握好止振的标准:混凝土表面不再有气泡冒出。

(11)控制混凝土水灰比,可适量增加外加剂或粉煤灰,改善混凝土的和易性,增大坍落度。

(12)台车拆模后应彻底清理模板上的浮浆,均匀涂油。

3)二衬厚度不够防治措施

(1)加强开挖净空检查,严格按照设计和规范预留沉降量。

(2)加强初期支护和衬砌过程的旁站监理。

(3)对欠挖的部分严格按照规定的要求进行处理,达标后方可进行支护和衬砌。

(4)适时开孔检查支护和衬砌的厚度,对衬砌厚度不足部分应开天窗,凿除欠挖部分周围的围岩,用同等级混凝土回填或注浆回填。

4)二衬渗漏水防治措施

(1)按设计要求施工防排水设施,灌注混凝土时保证防排水设施位置正确,牢固、不破损,严格按作业指导书要求的施工工艺进行施工。

（2）铺设防水层前应割除锚杆、钢筋网等外露端头，防止防水层被戳破；凹凸不平处采用砂浆把基面基本找平；防水板紧贴基面，对有较大坑凹处，应增加固定铆钉数量，确保防水板与基面之间紧贴不留空洞；根据基面实际情况适当留有松弛度，防止浇筑混凝土时挤裂。

（3）对防水板的防护措施要得当。在割除拱部钢筋头对矮边墙基础已铺防水板要做防烧保护，在绑扎衬砌钢筋时不得破坏防水板，在焊接衬砌混凝土内钢筋时必须用背板遮挡防水板，防止在焊接钢筋过程中熔渣飞溅而烧坏防水板，在关挡头、堵头模板时要有防止损坏防水板的措施，灌注二次衬砌混凝土时，振捣棒不得接触防水板，在已施工矮边墙堆放料具时注意保护好防水板。

（4）防水板与暗钉圈焊接要牢固，两幅防水板搭接宽度满足设计要求，双焊缝搭接，焊接时温度适合，焊机行走速度均匀，不得焊穿。

（5）铺设及搭接顺序应遵循先拱部后边墙，下部防水板压住上部防水板。

（6）加强防水材料质量控制，确保各项指标符合要求。

（7）衬砌混凝土要捣固密实，加强结构自身防水；严格按施工规范处理施工缝，加强衬砌浇筑过程控制。

（8）加强施工缝、变形缝的防水工程质量控制，确保止水条安装位置在施工缝的中间。

（9）因地制宜采取附加排水措施（暗沟、盲沟）。

（10）必要时对洞身地层、衬砌背后实施防水注浆处理。

（11）做到环向、纵向盲管通畅，对水量大的地段增设泄水孔的数量，确保水流通畅。

（12）按规范安装止水条、止水带采用钢筋卡定位和固定，按设计埋设排水盲管。

5）二衬开裂防治措施

（1）施工时严格按设计要求对混凝土用料水泥、沙、石子、外加剂等原材料进行控制，确保原材料的质量。

（2）改进混凝土的浇筑工艺，加强振捣，拆模后应加强衬砌混凝土的养护，保证足够的养护时间。

（3）放慢边墙混凝土浇筑速度，并分层浇筑，待边墙稳定后再浇筑拱部混凝土。

（4）必要时对围岩实施锚杆、注浆等措施预加固，以阻止围岩徐变过大而使衬砌混凝土开裂。

（5）边墙基础浮渣必须清理干净，使边墙底部与衬砌紧密结合。

（6）结构交叉部位应作加强处理，防止因应力集中而引起的开裂。

（7）严格控制好混凝土的拆模时间，严防拆模时间过早，衬砌混凝土强度不够产生裂纹。对不受围岩应力的衬砌混凝土的强度达到 8MPa，对承受围岩应力较大的混凝土强度应达到设计强度的 100% 方可拆模。

（8）在隧道进出口等偏压严重地段的衬砌，应充分考虑隧道偏压的影响，对设计的偏压衬砌进行认真复核，检验其强度是否满足实际偏压的衬砌强度需要，看是否有必要对设计的衬砌厚度或强度进行必要的加强。

6）隧道边墙施工缝接触面处混凝土不密实防治措施

(1)按设计断面预制端头模板,立模要牢固并充分湿润模板。

(2)加强捣固,边角处一定要振捣密实。

(3)木工现场值班,发现跑模,立即纠正。

7)水沟电缆槽外观质量通病防治措施

(1)加强现场检查监督,增强施工人员责任心,严格控制中线和高程。

(2)采用成熟的型钢模板体系施工方法,每倒用一次都要进行整修,保证模板的平整度。

(3)放样点宜5m一个,模板纵向接缝处要重点检查高程,加强支撑,防止跑模。

(4)捣固密实,顶面抹面要设专人负责,做到一次成活,禁止二次抹面。

(5)拆模时间,要根据现场实际掌握好,不得提前拆模,以防拆模造成棱角破损。

(6)加强各工序之间的协调,减少盖板的搬动和损坏。

8)排水沟排水不畅防治措施

(1)按照设计和规范的要求设置沟底纵坡,合理控制分段长度。

(2)及时清理边沟的杂物,保持边沟排水通畅。

(3)沟底要砌筑平顺,避免出现局部凹陷。